怪魚・珍魚
かいぎょ・ちんぎょだいひゃっか
大百科
Gakken

もくじ

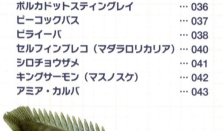

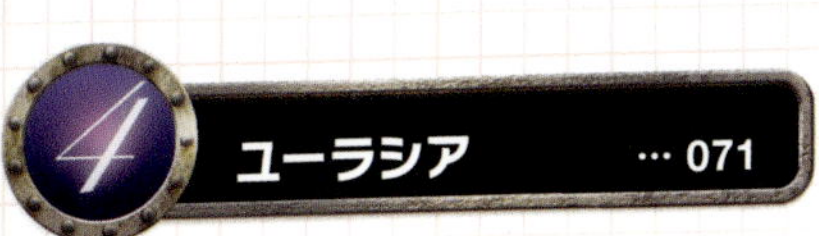

怪魚・珍魚とは？

魚は、脊椎動物（背骨のある生き物）のなかでいちばん栄えているなかまだ。魚のなかまは、わかっているだけで3万種以上もいて、すがたや大きさ、武器や技などの特徴がそれぞれちがう。この本では、そのなかでも、ずばぬけた特徴をもつ魚を怪魚・珍魚として紹介している。

巨大な体

海にも川や沼にも、人よりもずっと大きな魚がいる。それらの巨大魚は、ときには得体の知れない怪物としておそれられ、ときには釣り人のあこがれとなってきた。

▲オオチョウザメ。全長8m以上になるという。キャビアになる卵をとるために乱獲され、数が激減した。

おそろしい武器

ほかの魚などをおそう肉食魚は、特にするどい歯やとげをもっている。それらの武器は人を危険な目にあわせることもある。

▲するどくとがった牙で人にもかみつくというバラクーダ（オニカマス）。

奇妙なすがた

魚と聞くと、タイやマグロなどを思いうかべる人も多いだろう。だが、それらとはかなりちがったすがたの魚もたくさんいるのだ。

▶まるっこい体のダンゴウオ。腹の吸盤で岩などにくっつく。

怪魚・珍魚の特徴 ①

巨大な体

地球の表面の約7割をしめる広大な海には、信じられないほど巨大な魚がいる。また、日本ではあまり見られないが、世界の広い川には体長数mにも達する大きな魚がたくさんいる。

巨大な海水魚

ホホジロザメのように、ほかの生き物をおそう魚にも大きなものがいる。しかし、それよりもっと大きいのは、小さなプランクトンなどを食べるジンベエザメやウバザメだ。多くの力を使わずにたくさんの食べ物をえられる魚の方が、巨大化しやすいと考えられている。

▼ジンベエザメ。全長20mになることもあるといわれる、世界一大きな魚。性格はおとなしく、大きな口でプランクトンなどを食べる。

コバンザメのなかま。巨大な体で敵におそわれにくいジンベエザメの近くには、小さな魚が集まる。

巨大な淡水魚

南アメリカのアマゾン川のように、広い川にはピラルクーなどの巨大魚がたくさんいる。巨大なすがたに成長した魚には、敵も少なく、生態系の上位にいるものも少なくない。

強力な武器

ほかの魚などをおそって食べる肉食魚は、えものをとらえるため、するどくとがった歯や牙、長い吻（目よりも前で上あごの先までの部分）などの武器をもっている。その一方で、敵から身を守るための武器をもつものもいる。

牙・歯

魚の歯の形は、食べるえものによってさまざまだ。ピラニアなどの肉食魚は、切れ味のするどい牙や歯でほかの魚にかみつき、強いあごで食いちぎる。

▼大きくするどい牙でえものにかみつくムベンガ。

長い吻

カジキのように長い吻をもつ魚もいる。先がとがった長い吻でえものの魚をたたいたり、つきさしたりしてしとめるのだ。

▼のこぎりのような吻でえものを切りさくノコギリエイ。

とげ

カサゴのなかまをはじめ、ひれや尾にするどいとげをもつ魚は多い。これらのとげは敵から身を守るために使われ、とげに毒があるものもいる。

敵に尾のとげをさして毒を流しこむ淡水エイのなかま。

怪魚・珍魚の特徴 ③ 奇妙なすがた

ほかの生物と同様に、魚も長い時間をかけて進化し、環境にあわせてすがたが変わってきた。その一方で、大昔からほとんどすがたが変わらずに生き残ってきたものもいる。

▼2億年以上前からほとんどすがたが変わらないとされるポリプテルス。

大昔のすがた

何億年もの間、ほとんどすがたの変わっていない魚を「古代魚」とよんでいる。「生きた化石」として有名なシーラカンスはもちろん、ピラルクーやハイギョなども古代魚だ。

きびしい環境に生きる

深さ200m以上の深海は、暗く、食べ物が少なく、水圧の高いきびしい世界だ。そこで生きていく深海魚は、とても変わったすがたをしたものが多い。

▲体のわりにとても大きな口をもつフクロウナギ。

身をかくす

まわりの景色やほかの生き物にそっくりなすがたをした魚もいる。これらは、敵やえものに見つからないように、身をかくすことができるのだ。

▲枯れ葉そっくりのすがたでえものに近づくリーフフィッシュ。

スゴい技

えものをとらえたり、敵から逃げたりするために、ほかの魚にはない特別な能力をもつ魚がいる。そのなかでも、特にスゴい技をもつ魚をいくつか紹介しよう。

デンキウナギ

800ボルトもの強い電気を出し、えものを気絶させてとらえる。敵から逃げたり、まわりをさぐったりするときも電気を使う。

ホウボウ

おそわれると胸びれをパッと大きく広げてはでなもようを見せ、敵をおどして逃げる。

カエルアンコウ

頭に生えているにせものの生き物を使って、海中で釣りをしてえものをとらえる魚。今まさににせものにつられた魚が食べられようとしている。

この本の見方

章タイトル

その章のタイトルです。淡水魚は生息地域で、海水魚は浅い海と深い海で章を分けています。

レア度

マークが多いほど、珍しい魚です。

名前

その魚の名前です。グループ名の場合もあります。

怪魚ポイント

魚の際立った特徴を、それぞれアイコンであらわしています。

武器
するどい牙やとげなど、強力な武器をもつものをしめします。

巨大
巨大なからだをもつものをしめします。

すがた
たくさんのひれをもつなど、ふしぎな見た目をしたものをしめします。

生態
土の中で眠るなど、かわった生態をもつものをしめします。

データ

その魚のデータです。
分類：生物学的な分類です。
環境：その魚がすむ環境です。
食性：その魚の食べるものです。
※162ページに、環境に関する用語集があります。

大きさ

人の手のひらを18cm、全身を170cmとして、魚のおおよその大きさをしめしています。
全長：頭（口）の先端から尾びれの先までの長さ
体長：上あごの先端から尾びれのつけ根までの長さ
※魚の種類によってどちらかでしめされています。

1

南北アメリカ

南北アメリカ大陸にはたくさんの川や湖があり、さまざまな魚たちがすんでいる。ピラルクーやアリゲーターガーといった、信じられない大きさの巨大魚や、人もおそうといわれるピラニア、木の葉そっくりのリーフフィッシュなど、いろいろな怪魚が生息する、まさに「怪魚の楽園」だ。

1

南北アメリカ

レア度 ★★★

うろこのある淡水魚で最大級

ピラルクー

成長するにつれて、体の後ろの方が赤くなっていく。ピラルクーとは、現地の言葉で「赤い魚」という意味だ。

分類 アロワナ目アロワナ科

環境 アマゾン川などで流れのゆるやかなところ

食性 動物食（小魚など）

大きさ 体長 4m

釣り上げられたピラルクー。となりの成人男性とくらべると、その巨大さがよくわかる。

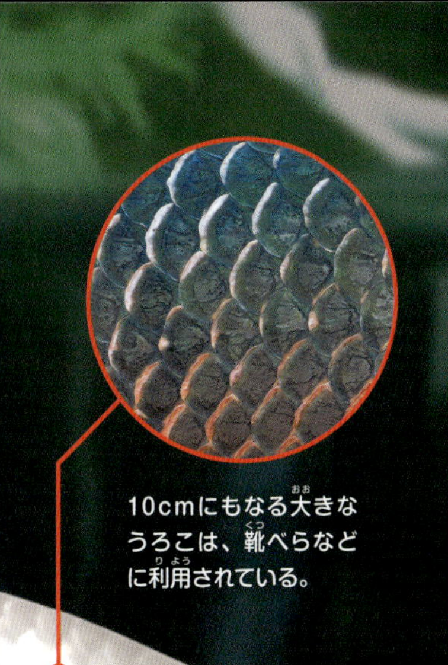

10cmにもなる大きなうろこは、靴べらなどに利用されている。

体長4m以上になるといわれ、うろこのある淡水魚の中で最大とされる。えら呼吸のほかに、うきぶくろを肺のように使い、水上に口を出して呼吸する。約1億年前のすがたを残す巨大な古代魚だ。

おもに魚を食べるが、水面近くの水鳥をおそうこともある。舌には多くの突起がならび、中に骨が通っている。

1

南北アメリカ

レア度

ワニのような口でえものをおそう

アリゲーターガー

するどく細かい歯がならんだ長い口を大きく開け、水鳥や小動物もおそって食べる。

ガー目ガー科

大河川の下流域

動物食（小魚、水鳥など）

体長 3m

北アメリカにすむ巨大な淡水魚で、体長3m以上になるという。ワニ（アリゲーター）のような大きな口で、魚や水鳥などをおそって食べる。日本でも、ペットだったものが川に捨てられ問題になっている。卵には毒があるので食べると危険だ。

ガノイン鱗というかたいうろこでおおわれている。

プラチナ個体とよばれる白い体色のものもいる。

ブラックバスもアリゲーターガーには一口で食べられてしまう。

1

南北アメリカ

レア度

群れでおそいかかるアマゾン川のハンター

ピラニア・ナッテリー

血のにおいをかぐときょうぼうになり、大群でえものをおそう。ナイフのようなするどい歯と強いあごで肉をかみちぎり、ウシやブタなども骨だけにしてしまう。

水中で血のにおいをかぎつける鼻。

上下のあごにならんだ三角形のするどい歯で肉を食いちぎる。

分類　カラシン目カラシン科

環境　河川の本流～支流

食性　動物食（小魚、弱った動物など）

大きさ　体長 25cm

レア度

長い牙をむいておそいかかる

カショーロ

下あごから2本の長い牙が生えた見るからに恐ろしい顔をした怪魚。長い牙も短い牙も切れ味ばつぐんで、ほかの魚や、弱ったなかまでもおそい、するどい牙を突き刺す。

長い牙をおさめる穴が上あごにある

長い牙は折れたり抜けたりしてもすぐに生えかわる。

カラシン目キノドン科

体長 1m

河川の流れの強いところ

動物食（小魚など）

淡水のシーラカンス!?

タライロン

最大で体重40kgにもなる大きな体で水中にひそみ、ほかの魚を見つけると、牙の生えた大きな口ですばやくおそいかかる。シーラカンス（→136ページ）に似たすがたをしているが、ピラニアに近いなかまだ。

大きく口を開けてするどい歯でえものに食らいつき、カニなどの甲らもかみくだく。

分類　カラシン目エリュトリヌス科

環境　水位によって、急流から止水まで

食性　動物食（小魚など）

大きさ　体長 1m

大物釣りのターゲットとして人気が高い。
パワフルな引きが釣り人をおどろかせる。

1

南北アメリカ

黄金にかがやく巨大魚

ドラド

スペイン語で「黄金」を意味する「ドラド」の名の通り、成魚になると全身が金色になる。魚やカエル、鳥など、動くものには何にでも食らいつく。

大きくがんじょうな口で、鳥までとらえて食べる。あごの力も強力だ。

ジャンプ力も強く、釣りバリにかかると水面を何度も高くとびはねて逃げようとする。

分類 カラシン目カラシン科

環境 ラプラタ川水系の流れのあるところ

食性 動物食（小魚など）

大きさ 体長 1m

争う（あらそ）ドラド。
とても気（き）が荒（あら）く、なかま同士（どうし）で戦（たたか）うこともある。

怪魚ハンターの世界怪魚捕獲記①

VS ピラルクー ～アマゾンの巨大魚～

僕は世界中で怪魚を捕まえる怪魚ハンターの小塚拓矢！『世界怪魚捕獲記』では、これまでで、特にスゴかった怪魚ハンティングを紹介するよ！

地球上で最大級の淡水魚、ピラルクー。地球の裏側にすむ、アマゾンの王者・・・幼き日から図鑑で読み、水族館で見ては、あこがれていた怪物。「いつか、自分より大きな魚が釣りたい。その夢をかなえてくれるのは、きっとピラルクーだ！」。おとなになり、自分でお金を稼ぐことができるようになった僕は、長年の夢をかなえるべくアマゾンのジャングルへと出発した。

釣り竿が折られた…最終手段、つな引きだ！

▲ピラルクーに破壊されたルアー。最終的に、ピラルクーは小魚をエサに釣り上げた。

アマゾンは、すごいところだった。淡水イルカに追われたアロワナやピラニアが、ジャンプして逃げている。その後ろで、どう見てもイルカよりもデカい怪物が「プハーッ！」と水面で呼吸し、しずんでいった。「クジラ!? …いや、ドラゴンだ！」。それが、ピラルクーとの出会いだった。それから約2週間。「絶対あきらめないぞ！」とねばったけれど、ルアーは破壊され、竿は折られ、大苦戦。

僕はスパゲッティほどもある太い糸で、つな引きをすることに決めた。

2m、100kgオーバー現る！

エサの小魚を大きなハリにかけて投入する。すぐにピラニアがエサを横取りしてしまう…同じことを何十回くりかえしたかわからない。　ついにピラルクーが食いついた！「あちちちち！」。ものすごい力で、握る糸が引き出される。摩擦熱でてのひらがヤケドしそうだ。…結局、どれぐらいの時間、闘っただろう？　ピラルクーがエサに食いついた時、空は夕焼けで赤かったハズなのに…ピラルクーが浅瀬に横たわった時には、あたりは暗くなっていた。興奮しすぎて、記憶が飛んでいるみたいだ。幼き日の夢を、抱きしめる。ピラルクーにいどみはじめた日、細長かった月は、その夜は丸く大きくかがやいていた。

▶全長2m以上あった。体重は量れなかったため推定で100kg。

レア度

空中と水中を同時に見る珍魚

ヨツメウオ

目はふたつしかないが、そのレンズが上下にしきられているので目が4つあるように見える。目の上側を水面から出して泳ぎ、空中と水中を同時に見ながら、水面のえものや、水中から近づく敵を見つけることができる。不思議な生物だが、グッピーに近いなかまだ。

目の上側で水上を見て、水面に落ちてくる虫などを食べる。

目の下側で水中のえものや敵を見つける。

カダヤシ目ヨツメウオ科

汽水域

動物食
（水面に落ちた虫など）

体長 20cm

目の上側を水から出しているので、
水上も水中も同時に見ることができる。

7

南北アメリカ

レア度

洞くつの暗闇にすむ

ブラインドケーブカラシン

真っ暗な洞くつでくらすうちに、目は退化してなくなり、体の色は白くなった。優れた側線などの感覚器で食べ物をさがし、動物の死体でも植物でも食べられるものはなんでも食べる。

生まれたときは目があるが、成長するとなくなり、皮ふでおおわれる。
視力がないかわりに側線が発達している。

分類　カラシン目カラシン科

環境　メキシコの洞くつ

食性　雑食性

大きさ　体長 8cm

水上の葉に卵を産みつける

コペラ・アーノルディ

ほかの魚に食べられないように、卵を水上にのびた葉に産みつける。おすとめすが一緒にジャンプし、葉にくっついて産卵するのだ。ふ化した稚魚は、すぐに水面に落ちて泳ぎはじめる。

おすは卵が乾燥しないように、ふ化するまで水上の卵に尾びれで水をかけ続ける。

分類 カラシン目レビアシナ科

環境 アマゾン川の中流〜下流

食性 雑食性

大きさ 体長 8cm

怪魚を飼う

ペットショップでは、ベタのような小さな魚はもちろん、アロワナやピラルクーなどの体長1m以上になる大型肉食魚まで売っている。大きな怪魚を飼うときは、責任をもって育てよう。

大型肉食魚を飼うには

たとえばピラルクーは、体長15cmの幼魚が1、2年で1m以上になる。これを飼うには、幅2m以上の大きな水そうとその置き場所が必要だ。さらに水道代やエサ代、電気代も高額になる。先のことまでよく考えてから飼うようにしよう。

▶エサになる金魚。大型肉食魚は、人工の乾いたエサより、小魚やザリガニ、コオロギなど生きているエサを好む。それらを食べさせるとよく育つという。

飼い主の責任

飼えなくなった怪魚を、絶対に近くの川などに放してはいけない。その川にもともといた生物に悪影響をあたえることもあるからだ。特にアリゲーターガーなど、「特定外来生物」（下のコラム参照）に指定された怪魚を放すと、きびしく罰せられる。

▲大阪城でとらえられたアリゲーターガー。魚に罪はない。自由に飼うことができず、残念に思う愛好家も多い。無責任な飼育は、人にも魚にも迷惑をかけるのだ。

特定外来生物とワシントン条約

「特定外来生物」とは、日本の生物や自然、人の生活に有害として国が指定した外来生物だ。指定された生物は指定後の新たな売買や移動、飼育などが禁止されている。また、アジアアロワナやピラルクーなど、絶滅の恐れがある野生生物は、ワシントン条約で輸出入が制限されている。

▶特定外来生物に指定されているオオクチバス（ブラックバス）。

1

南北アメリカ

レア度

枯れ葉に化けてえものに近づく

リーフフィッシュ

「リーフ（木の葉）」の名の通り、すがたが枯れ葉そっくりの魚。水中をただよう枯れ葉のふりをして、気づかずに近づいてきた小魚や小エビをすばやく丸のみにする。

あごひげでえものをおびきよせるともいわれる。

口を長く突き出してえものをとらえる。

枯れ葉そっくりのすがたで、気づかれないようにえものに近づく。

分類　スズキ目ポリケントルス科

環境　アマゾン川の流れのゆるやかなところ

食性　動物食（小魚など）

大きさ　体長 10cm

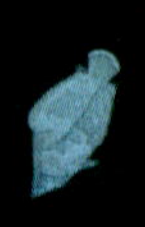

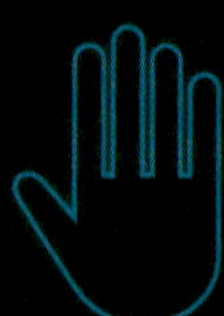

色はもちろんのこと、正面から見ると体もうすくなっていて、
水中の落ち葉にとてもよく似ている。

1

レア度

川にすむ水玉模様のエイ

ポルカドットスティングレイ

白い水玉模様（英語で「ポルカドット」）が美しい、川にすむエイ。海にすむエイと同じように、尾に強い毒をもつ針があり、現地ではピラニアよりも恐れられることもあるという。

人が尾の毒針で刺されると激しく痛み、呼吸ができなくなることもある。

ほぼ円形の体を波打たせて泳ぐ。

体の下側にある口で、貝や小魚、カニなどを食べる。

分類：エイ目 アマゾンタンスイエイ科

環境：アマゾン川全域

食性：動物食（小魚など）

大きさ：体長 60cm

レア度

目玉模様の美しい巨大魚

ピーコックバス

ピーコックバスのなかまは15種以上が知られる。現地で「ツクナレ・アスー（巨大）」とよばれる最大種は、体長約1m、体重12kgにもなる。えものとなる魚をまちぶせし、突進して大きな口で吸いこむようにとらえる。

おすは歳をとると額が盛り上がる。

尾に目玉模様があるので、「アイスポット（目玉模様）シクリッド」ともよばれる。

大きな口の中に、とげのような小さな歯がたくさんならんでいる。

分類　スズキ目シクリッド科

環境　アマゾン水系の川や湖沼

食性　動物食（小魚など）

大きさ　体長 1m

人食い伝説も残るアマゾンの巨大ナマズ

ピライーバ

南アメリカ最大のナマズで、体長3.6m、体重200kgにもなる。胃の中からサルが出てきたこともあるといい、人食いの伝説も残る。おいしいらしく、現地ではよく食べられている。

大きな口でえものを丸飲みにする。

分類 ナマズ目ピメロドゥス科

環境 河川の中流～河口

食性 動物食（小魚など）

大きさ 体長 3.6m

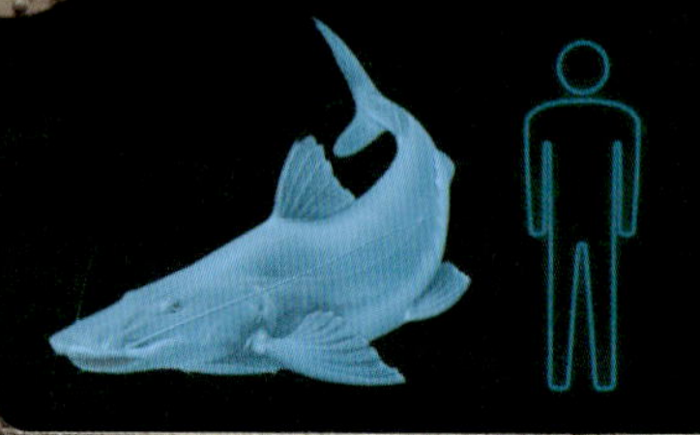

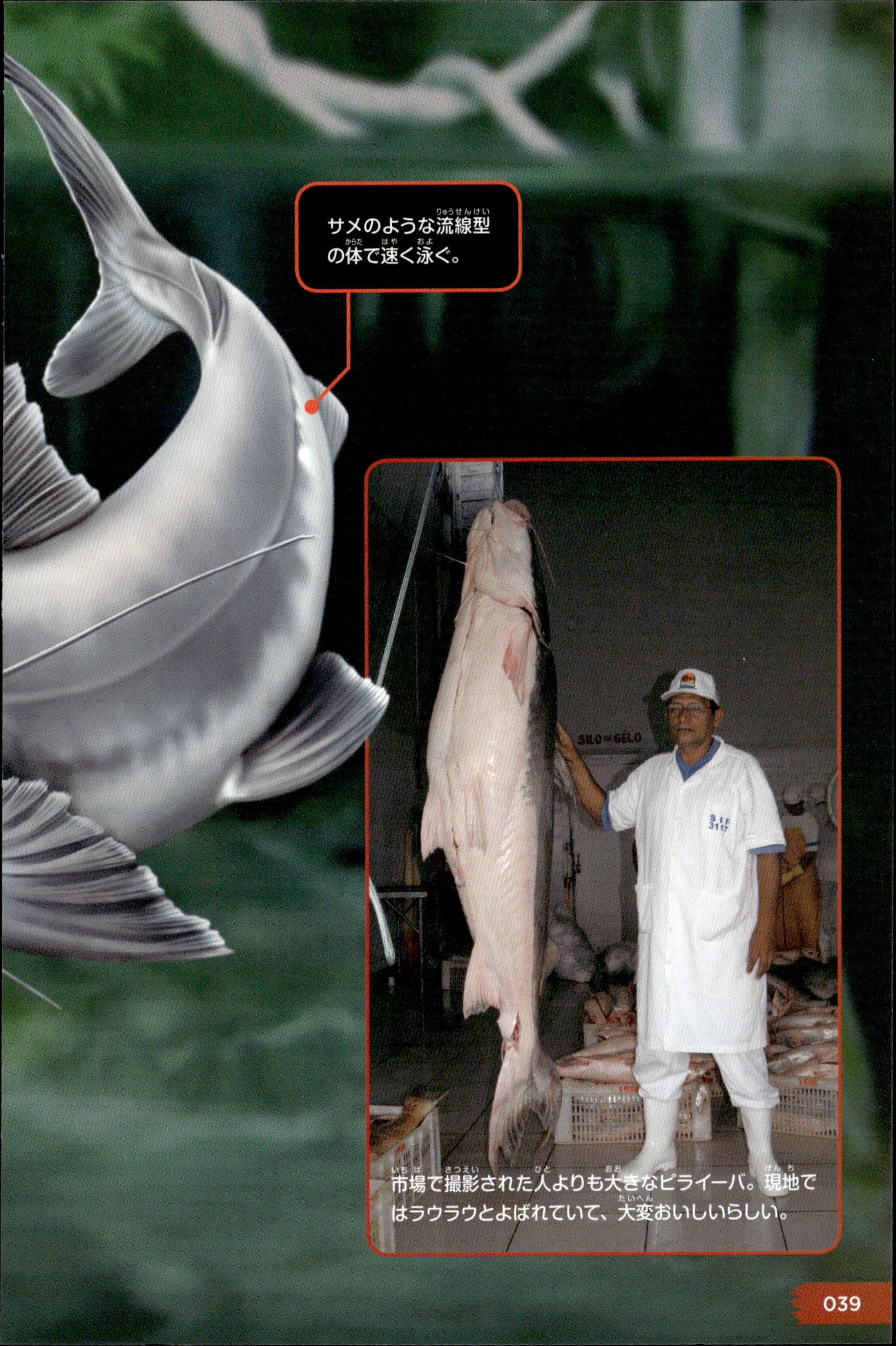
サメのような流線型の体で速く泳ぐ。
SILO DE GELO
SIF 3117

市場で撮影された人よりも大きなピライーバ。現地ではラウラウとよばれていて、大変おいしいらしい。

レア度

よろいにおおわれたコケとりナマズ

セルフィンプレコ（マダラロリカリア）

よろいのような、かたいうろこでおおわれたナマズのなかま。吸盤のような口で川底に吸いつき、コケをけずりとって食べる。水そうのコケをとる魚として飼われることも多いが、かなり大きくなり、沖縄では放されたものが川の土手に穴をあけるなどの問題を起こしている。

かたいうろこでおおわれている。

腹側にある吸盤のような口で川底の石などに生えたコケを食べる。

ひれにはするどいとげがある。

分類　ナマズ目ロリカリア科

環境　河川の上流域

食性　雑食（おもに植物）

大きさ　体長 50cm

レア度

卵がキャビアになる古代魚

シロチョウザメ

100年以上生き、最大で体長6m、体重800kgにもなる巨大魚。産卵期になると海から川へ上ってくる。チョウザメのなかまは、1億年以上前から生き残ってきた古代魚だ。しかし、古くから食用に乱獲され、野生では激減した。名前にサメとつくが、サメのなかまではない。

かたい板状のうろこが背中と両側面、腹に1列ずつならぶ。うろこの形が、はねを広げたチョウに見えるのでチョウザメという。

3mほどのめすで約300万個の卵を産む。その卵の塩漬けが世界三大珍味のひとつであるキャビアだ。

ひげで水底のえものをさがし、口を下向きにのばして吸いこむように飲みこむ。

分類 チョウザメ目チョウザメ科

環境 河川の下流〜河口

食性 動物食（泥の中の生物など）

大きさ 体長 6m

レア度

世界最大のサケの王様

キングサーモン（マスノスケ）

世界最大のサケのなかま。ほかのサケと同様に、川で生まれて海で大きく育ち、生まれた川に戻ってきて産卵する。身はあぶらがのっておいしく、味でもサケの王様だ。

産卵期のおすは、両あごが長くのび、鼻先が曲がる。

産卵期になると、体色が赤やオリーブ色に変わる。

分類　サケ目サケ科

環境　海、河川の上流域（産卵期）

食性　動物食（小魚、エビなど）

大きさ　体長 1.5m

レア度

長い背びれを波打たせて泳ぐ古代魚

アミア・カルバ

1億年以上前に現れたアミアのなかまの唯一の生き残り。長い背びれを波打たせてすばやく泳ぎ、ほかの魚やカエル、ヘビ、ネズミまで食べる。うきぶくろに空気を吸いこんで呼吸できるので、地上でも1日は生きられる。

波打つ長い背びれは、じっとしているのにも、静かに前後に泳ぐのにも役立つ。

うきぶくろでも呼吸できるので、酸素の少ないよどんだ沼でもくらせる。

分類 アミア目アミア科

環境 河川の流れのゆるやかなところ、湖沼の植物が多いところ

食性 動物食（小魚など）

大きさ 体長 50cm

怪魚を食べる!?

怪魚のなかには、現地ではありふれた食材やごちそうとして食べられているものも多い。おいしさのあまり、ピラルクーのように、とられすぎて絶滅が心配される魚や、シロチョウザメのように、食用に養殖されている魚もいる。何も外国に限った話ではない。日本でも、不気味なすがたのワラスボが食べられ、カワヤツメやタツノオトシゴは漢方薬として利用されているのだ。

▲ワラスボの干物。不気味な顔なので食べるのに勇気がいるかもしれないが、かめばかむほど味が出る。刺身でも食べられる。

▼調理されたピラニア。アマゾン川の水面をバシャバシャたたくとすぐによってくるので、簡単にたくさんとれるという。

▶チョウザメの卵を加工した「キャビア」。国内でも、シロチョウザメの完全養殖に成功した宮崎県などでつくられている。

アフリカ

アフリカにはとても変わった生態の怪魚がいる。魚なのに肺をもち水中以外でも呼吸ができるハイギョや、乾燥して水がなくなっても卵だけで生きのびるノソブランキウス、太古の昔からほとんど変わらないすがたの古代魚ポリプテルス…。怪魚の中の怪魚ムベンガもコンゴ川にひそんでいる。

レア度

牙をむく幻の巨大魚

ムベンガ

両あごにならぶ太くするどい牙で、魚や、ときには鳥までおそって食べる。人がおそわれたこともあるという。「ゴライアスタイガーフィッシュ」ともよばれる。

「タイガー（トラ）」の名は、体のしま模様とするどい牙にちなむ。

牙は古くなると一度に抜け落ち、数日で新しいものに生えかわる。

カラシン目アレステス科

コンゴ川本流

動物食（小魚など）

体長 1.5m

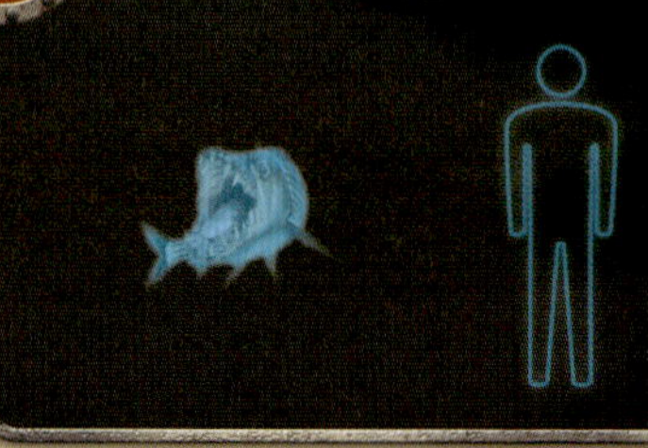

たくさんならんだするどい牙(きば)は、えものをかみ切(き)るためではなく、
えものの体(からだ)につきさして逃(に)がさないためのものである。

レア度

まゆの中で眠って乾期をすごす

プロトプテルス・エチオピクス

全長2mにもなる世界最大のハイギョ。ときどき水面に口を出して肺呼吸する。雨の降らない乾期になると、泥の中に粘液でまゆをつくり、その中で肺呼吸しながら雨期がくるまで眠ってすごす。

ふたつの肺をもち、おもに肺で呼吸する。肺はうきぶくろが変化したものだ。

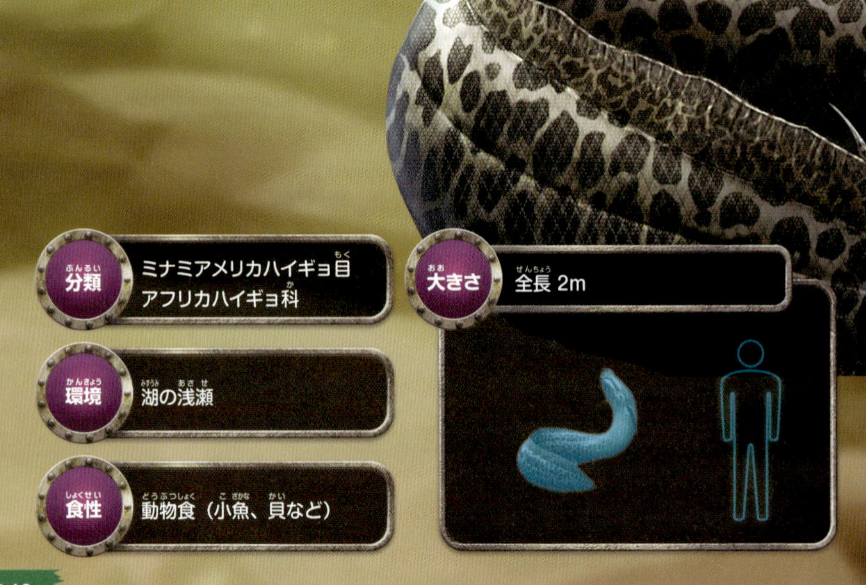

分類 ミナミアメリカハイギョ目 アフリカハイギョ科

環境 湖の浅瀬

食性 動物食（小魚、貝など）

大きさ 全長 2m

かむ力が強い。
胸びれと腹びれはひものように細長い。

まゆをつくって土の中で眠っていたハイギョのなかま（プロトプテルス・アネクテンス）。雨が降り、まわりに水が多くなると目覚める。

怪魚ハンターの世界怪魚捕獲記②

VS ムベンガ ～アフリカ最強の牙～

「誰もやったことがないことをしたい！」という気持ち、「冒険をしたい！」というあこがれは、きっと男の子の（女の子もかな？）本能だと思う。幻の怪魚、ムベンガ。少なくとも日本人で誰も釣ったという話を聞かない、ものすごい牙を持つ怪魚が、アフリカのコンゴ川にいるらしい…。

牙が邪魔して、口に釣りバリが刺さらない

到着したコンゴ川は、思っていたよりは平和で、安心した。つい最近までは戦争で、旅人が行けない川だったのだ。まるで洪水のように、コーヒー牛乳のようなにごった水が流れていく。

▲ムベンガを釣り上げたしかけ。ナマズにつけられるだけ釣りバリをつければ、ハリネズミのようになった。

僕は少しでもムベンガに見つけてもらいやすいよう、50cmもある大きなナマズをエサにして、釣りを開始した。

1日に1回、あるかないか。チャンスはとても少ないけれど、エサが食いちぎられる。ムベンガは確かにいる。でも、どうにも釣りバリが口に刺さらない。どうやら牙が邪魔しているようだ。僕はナマズがハリネズミに見えるほど、いっぱい釣りバリをつけ、持久戦をすることに決めた。釣れるまで釣り続ければ、必ず釣れる、と…。

日本人初!? こいつが、ムベンガだ!!

アフリカに来て、いつしか2か月が過ぎていた。慣れない生活と食べ物におなかをこわし、体重は10kgほども減った。「でも、絶対にあきらめないぞ!」。誰かに先に釣られるのだけは、絶対に嫌だった。明日には、いよいよ日本に帰らなきゃならない…そんな最終日の昼下がり、リールがすごい音を立てて逆転した。日本を出て61日目、最後の最後に、ドラマは待っていた!

▲全長1.4m、推定体重40kg。怪魚の中の怪魚、ムベンガ。

▶普通の釣り糸では、かみ切られてしまう。口に入る部分は、金属ワイヤーを使った。

レア度

卵のまま乾期を過ごす

ノソブランキウス・ラコビー

雨期にできる水たまりなどにすみ、雨の降らない乾期がくる直前、泥の中に卵を産んで死ぬ。乾期の3～6か月間、乾燥した卵のままですごし、雨期がくるといっせいにふ化する。稚魚は数週間で成魚になり、同じように産卵して死ぬ。

オレンジの体にメタリックブルーの斑点模様がならぶ。派手なのはおすだけで、めすは模様のない白っぽい体色をしている。

分類 カダヤシ目 アプロケイルス科

大きさ 全長 5cm

環境 干上がる池など

食性 雑食（プランクトンなど）

川にすむフグ

ナイルフグ

川にすむフグのなかま。砂底にもぐって目と口だけを出し、えものになる小魚などをまちぶせしてとらえる。名前に「ナイル」とつくが、ナイル川にはすんでいない。

上を通る小魚やエビなどを上向きの口でとらえて食べる。
体の色は赤やオレンジ、茶、灰色などさまざまだ。
ほかのフグと同様に、危険を感じると水を吸い込んで体をふくらませる。

分類 フグ目フグ科

環境 コンゴ川

食性 動物食（小魚、貝など）

大きさ 体長 15cm

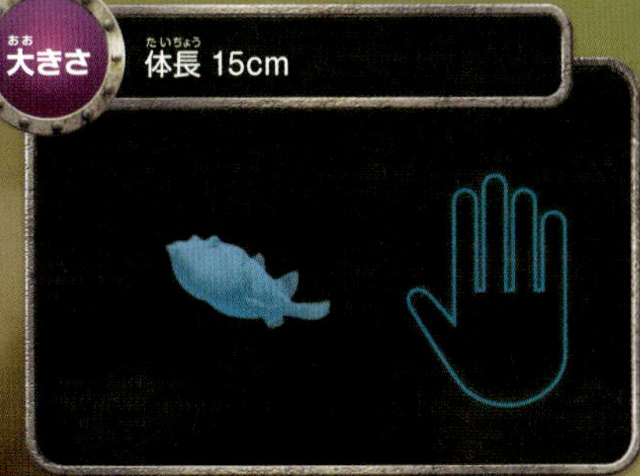

レア度

上下さかさまになって泳ぐ

サカサナマズ

腹側を上に向けて水面近くを泳ぎ、落ちてきた虫などを食べる。幼魚のころや水底では、ふつうの魚と同じように腹を下にして泳ぐ。

えらぶたに、するどいとげがある。
ふつうの魚は、敵に見つかりにくいように腹側が白っぽく、背側が黒っぽいが、サカサナマズは反対に腹側が黒っぽい。

分類	ナマズ目サカサナマズ科
環境	コンゴ川
食性	動物食（小さな生き物）
大きさ	体長 8cm

さかさでいることが多いが、水底のえさを食べるときなどには、
ふつうの魚のように泳ぐことがある。

2

アフリカ

レア度

体から強い電気を出す

デンキナマズ

頭以外が発電器官でおおわれ、最大400ボルトの強い電気を出す。夜になると活発に泳ぎまわり、敵におそわれたときや、えものをとらえるときは、特に強い電気を瞬間的に出して相手を気絶させる。

体全体をおおう発電器官から、最大400ボルトの電気を出す。

分類　ナマズ目デンキナマズ科

環境　河川や湖

食性　動物食（小魚など）

大きさ　体長 60cm

レア度

電気のレーダーでまわりをさぐる

ギムナルクス

体の側面の発電器官から、1ボルトほどの弱い電気を出し続けることができる。この電気を、レーダーのように体のまわりにはりめぐらせ、にごった川の中でもえものや敵の位置、まわりの様子を知ることができる。

長い背びれを波打つように動かして泳ぐ。バックすることもできる。

うきぶくろを肺のように使って空気呼吸することもできる。

強いあごとするどい歯でおもに小魚を食べる。

分類	アロワナ目ギムナルクス科
環境	湖沼
食性	動物食（小魚など）
大きさ	体長 1.3m

アフリカ

レア度 ★★★

たくさんの背びれをもつ古代魚

ポリプテルス・ビキール・ビキール

ラテン語で「たくさんのひれ」を意味する「ポリプテルス」の名の通り、小さな背びれがたくさんならぶ。2億年以上前に現れたポリプテルスのなかまの生き残りといわれ、ひし形の厚いうろこなど、原始的な魚の特徴を残している。

14〜19枚の小さな背びれが連なる。背びれの先はとげのようにとがる。

小さなするどい歯でほかの魚や虫などを食べる。

うきぶくろを肺のように使って空気呼吸することができる。

肉のついた大きな胸びれ。水底にいるときは、これで体を支える。

ポリプテルス目
ポリプテルス科

全長 70cm

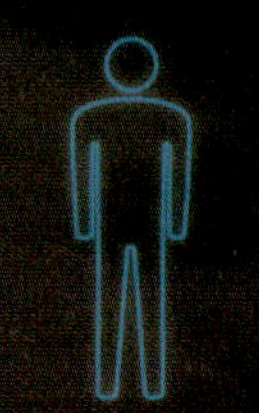

川や湖

動物食（小魚など）

ポリプテルスには大(おお)きさや模様(もよう)の異(こと)なるなかまがたくさんいる。
愛好家(あいこうか)も多(おお)く、ペットショップで売(う)られている。

環境に適応した怪魚

流れのある海とくらべ、淡水（特に沼）は水中の酸素が足りなくなることがある。水温が上がる熱帯地域では、水に溶けられる酸素が減るため、よりそうなりやすい。体が大きな分、より多くの酸素を使う怪魚（淡水巨大魚）のなかには、そのような環境に適応し、空気呼吸できるよう進化した種がいる。ピラルクーやアリゲーターガー、カムルチーのなかまがそれにあたる。その究極が、アフリカのハイギョだ。しかし、時にはそんな適応進化が裏目にでることも……。筆者は以前、アフリカでハイギョ釣りを試みたことがある。田んぼのような湿地で、まさに田植えのように、ミミズをつけた釣りバリを泥に埋めていった。小一時間して引き上げると、釣れたハイギョは死んでいた。釣り糸が草の根っこにでもからまったのだろう、水面まで呼吸に上がれなかったようだ。魚でもおぼれることがあるらしい。

▶おぼれてしまったハイギョ。同じ場所で、ライギョのなかまや、ナイフフィッシュのなかまが釣れた。どれも空気呼吸できる魚たちだ。

◀日本で釣り上げたライギョ（カムルチー）。大陸からやってきた外来種だが、日本全国、みんなの近所にも、空気呼吸できる怪魚がひそんでいる。

3

オセアニア

オーストラリアやパプアニューギニアなどをまとめたオセアニア地域には、世界最強といわれる淡水魚や、100年以上生きるとされるめずらしいハイギョなどが生息している。まだ調査されていない秘境も数多く存在するこの地では、人の目にふれずにひっそりと生きている怪魚がいるのかもしれない……。

レア度

のこぎりのようなくちばしでえものをとる

ノコギリエイ

生き物の出すかすかな電気を感じてえものをさがすことができる。

のこぎりの歯のようなギザギザはうろこが変化したもの。魚をまっぷたつに切ることもできるという。

分類 エイ目ノコギリエイ科

環境 河口など

食性 動物食（小魚など）

大きさ 全長 6.5m

のこぎりのような長い吻をもつエイのなかまで、川や湖のほか、海にもすむ。この吻をふって魚を気絶させたり、海底をほったりしてえものをとらえる。同じようなすがたをしたサメにノコギリザメがいる。

エイのなかまなので腹側にえら穴がある。下から見上げると腹側にえら穴があるのがよくわかる。よく似たすがたのノコギリザメは、背側にえら穴がある。

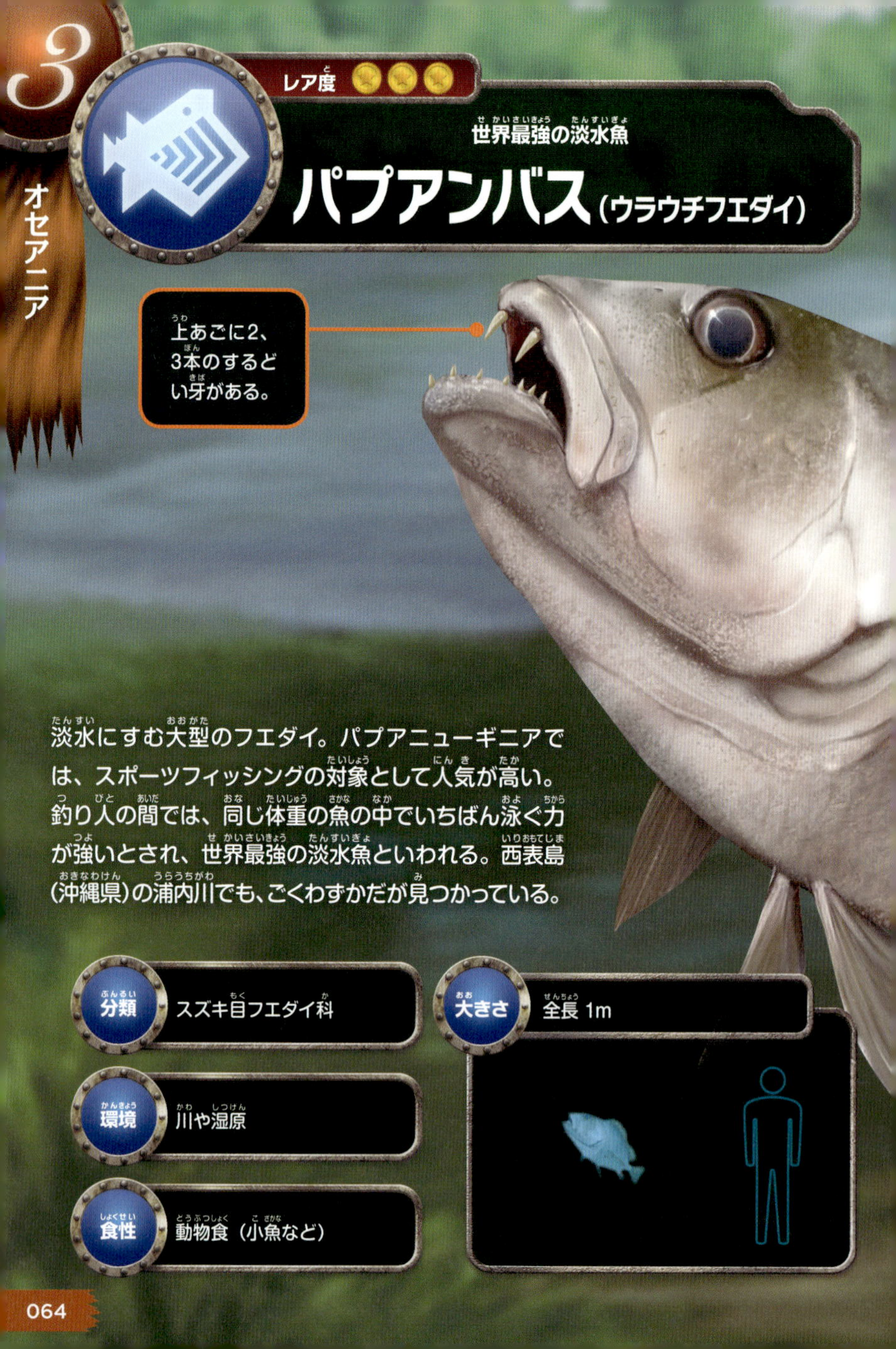

3
オセアニア
レア度
世界最強の淡水魚
パプアンバス（ウラウチフエダイ）
上あごに2、3本のするどい牙がある。

淡水にすむ大型のフエダイ。パプアニューギニアでは、スポーツフィッシングの対象として人気が高い。釣り人の間では、同じ体重の魚の中でいちばん泳ぐ力が強いとされ、世界最強の淡水魚といわれる。西表島（沖縄県）の浦内川でも、ごくわずかだが見つかっている。

分類	スズキ目フエダイ科
環境	川や湿原
食性	動物食（小魚など）
大きさ	全長 1m

パプアンバスの生息するパプアニューギニアの川。岸際の障害物の近くにかくれていることが多いといわれている。現地では、「ドゥーカートゥットゥマー」とよばれている。

怪魚ハンターの世界怪魚捕獲記③

VS パプアンバス ～最強の淡水魚～

“世界最強”、その言葉にはワクワクせずにはいられないだろう。もちろん、サメやマグロ、カジキといった体重1トンにもなるような海の巨人たちは、強い。でも、もし全ての魚が同じ大きさ（体重）で競い合ったとしたら…。「たぶん、こいつが世界最強だ！」と、いどんだ者が口をそろえる怪魚が、パプアニューギニアのジャングルにいる。

怪物は、食いしんぼう。一番大きなルアーを投げる！

剛力無双、パプアンバス。最大で20kgをこえるそうだ。5kgほどのパプアンバスは、すぐ釣れた。水面に魚が見えた時、驚いた。「あれ？　思ったより小さい!!」。とても引きが強かったので、もっと大きな魚がかかったと思っていた。僕は、持って来た中で一番大きな、20cmもあるルアーを投げ続けることにした。「この川で最強の魚を釣りたい！」。大きな魚は、きっと大きなエサが好きだろう。

▲20cmあるルアーが、小さく見える。マグロ用のハリが、少し曲がっていた。

推定13kg。こいつが100kgになったら…

▲日本でも確認され、絶滅危惧種に指定されている。西表島の浦内川にて。80cm以上あった。

突然、ドーンという衝撃が腕にきて、びっくりして釣り竿を手ばなしそうになった。楽しんでいる余裕はなかった。「たのむ、釣れてくれ！」。祈るような闘いになった。なんたる馬鹿力、危うく船から落ちそうになり、「クマみたいな魚だ！」と恐怖した。91cm、推定13kg。淡水魚にも、ピラルクーのように100kgを超える魚もいる。でもパプアンバスが、もし100kg以上に成長したら…どうやって釣ればいいのかな？　“世界最強の怪魚”、その称号に、まちがいなし！

2005年 パプアニューギニア フライ川中流域

▲重くて平たい魚体なので、まるでマンホールのようだ。

レア度 ★★★

より原始的なハイギョ

ネオケラトドゥス

オーストラリアだけにすむハイギョ。ふたつの肺で肺呼吸もできるが、アフリカや南アメリカのハイギョとちがって乾燥に弱い。ほかのハイギョのように胸びれや腹びれが退化せず、大きなかたいうろこでおおわれるなど、より原始的なすがたを残している。

ふだんはえら呼吸で、水中に酸素が足りないときだけ肺で呼吸する。

体はかたいうろこでおおわれている。

ほかのハイギョとちがい、肉厚で幅広の胸びれと腹びれをもつ。

水底にいるときは、胸びれで体を支える。

分類	オーストラリアハイギョ目 オーストラリアハイギョ科
環境	流れのゆるやかな 川のよどみ
食性	動物食（小魚など）
大きさ	体長 1.5m

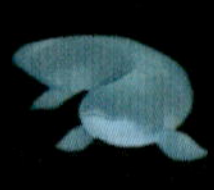

とても長生きな魚で、100年以上生きるといわれている。
だが、絶滅の危機にひんしており、輸出には制限がある。

色ちがいの怪魚？ 人工の怪魚？

　自然界では生まれても生き残ることが難しい、奇形や、突然変異の個体。しかし飼育下では、それらを人工的につくり出し、生かすことができる。代表的なものに、黒い色素をもたないアルビノなどの色素変異個体や、“ショートボディ”とよばれるような短い体の奇形などがある。それらは自然界でも生まれてくるが、色素変異個体は目立ちすぎ、奇形は動きが遅く、どちらも稚魚のうちに食べられてしまうことが多い。ただ、色素変異個体に関しては、ナマズのような夜行性の魚では、自然界でも比較的多く見られ、とくに琵琶湖水系の固有種、イワトコナマズ（ふつうは黒い）に多く見られる。神の使いとして“弁天ナマズ”というよばれ方が、古くから存在するくらいだ。

▲イワトコナマズ黄変個体（弁天ナマズ）

1晩で3匹、野生の“弁天ナマズ”が見つかったこともある。写真の個体は、頭部などに黒い色素が残っているので、アルビノではない。

◀ヒレナマズ

アルビノの外来ナマズ。目が赤く、黒い色素が全く無いのがアルビノだ。沖縄では野生化している。

◀メコンオオナマズ

野生では絶滅危惧種で、釣ることは難しいナマズ。一方で養殖に成功し、釣り堀では人気者。これもまた別の意味で、人工の怪魚と言えるだろう。

4

ユーラシア

日本もふくまれるユーラシア大陸にも怪魚・珍魚はたくさんいる。「日本三大怪魚」といわれるアカメ、イトウ、ビワコオオナマズをはじめ、美しい古代魚アジアアロワナや健康法に利用されるガラ・ルファなど、バラエティ豊かな怪魚・珍魚の宝庫である。家の近くの身近な川にもふしぎな魚がいるかもしれない。

北海道にすむ日本最大の淡水魚

イトウ

最大体長2mにもなる日本最大の淡水魚。川にしずんだ木のかげなどにひそみ、おもに魚を食べるが、ヘビやネズミをおそうこともある。環境の悪化などによって野生では数が減り、特に大型のものはあまり見られなくなっているため、幻の魚とよばれている。

細長い体

サケ目サケ科

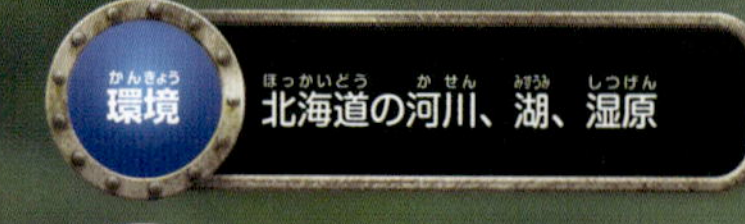

北海道の河川、湖、湿原

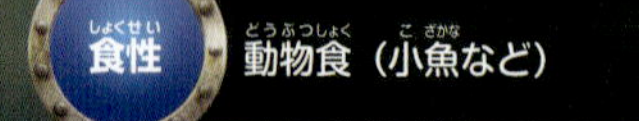

動物食（小魚など）

大きさ　体長 2m

するどい歯がならぶ。魚やカエルのほか、ネズミもおそって食べる。
婚姻色（繁殖期にあらわれる体色）の出たおす。繁殖期には、成熟したおすの体が赤い色に変わる。

レア度 ★★★

「琵琶湖のぬし」とよばれる大ナマズ

ビワコオオナマズ

ひげでまわりの様子を知る。
大きな口でブラックバスの成魚も食べる。
分類
ナマズ目ナマズ科
環境
琵琶湖水系
食性
動物食（小魚など）
大きさ
体長 1.2m

最大全長1.2mになる日本最大のナマズ。約350万年前から琵琶湖にすむ。琵琶湖では、外来魚のブラックバスがふえて問題になっているが、ビワコオオナマズはその成魚もおそって食べる。まさに「琵琶湖のぬし」だ。

産卵（さんらん）しているビワコオオナマズ。
初夏（しょか）に川（かわ）の浅瀬（あさせ）でおすとめすがからみあって産卵（さんらん）する。

世界最大の淡水エイ

ヒマンチュラ

淡水にすむエイのなかで世界一大きく、全長4m、体重300kg以上になる。腹側にある口で川底にすむ小魚やカニなどを食べる。危険を感じると尾にある太く長い毒針で身を守る。

口やえら穴は腹側にある。

尾の毒針を刺し、毒を流しこむ。

分類	トビエイ目アカエイ科
環境	大河川
食性	動物食（小魚など）
大きさ	全長 4m

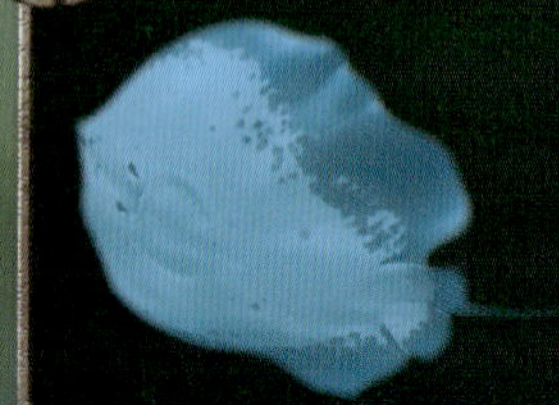

とらえられたヒマンチュラ。
人の上半身くらいの大きさだが、これでもまだ子どもだ。

ペットとして人気が高いあこがれの古代魚

アジアアロワナ

1億年以上前の魚のすがたを残すことから「古代魚」とよばれる。牙の生えた舌で、水面近くのえものにかみつく。絶滅のおそれから野生のものの取り引きは禁止されているが、養殖されたものが輸入されている。体の色はさまざまだが、特に赤いものの人気が高い。

大きなうろこがならぶ。体色は赤や金色などさまざまだ。

上向きの大きな口で、水面に落ちた虫などを食べる。また、おすが稚魚を口の中で育てる。

アロワナ目アロワナ科

ジャングルの湖沼・河川

動物食（おもに昆虫）

大きさ　全長 70cm

さまざまな色や体型の品種がいる。赤いアロワナは幸運をよび、金のアロワナは金運が上がるといわれる。幼魚はすがたが成魚と似ているが、どんな色になるかは成長するまでわからない。

ユーラシア

レア度

吸盤のような口で血肉をすする

カワヤツメ

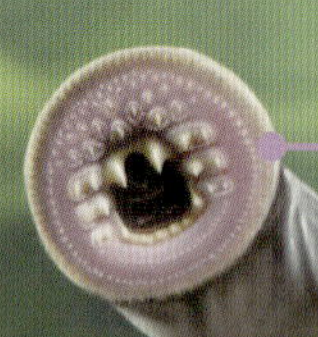

吸盤状の口にやすりのようなするどい歯がならぶ。

目のように見えるえら穴。

約4億年前に栄えた無顎類（あごのない魚）の生き残り。吸盤のような口でほかの魚の腹などに吸いつき、するどい歯を立てて血や肉をすする。目の後ろにならんだ7つのえら穴が目のように見えるので、ヤツメウナギともよばれる。

分類　ヤツメウナギ目 ヤツメウナギ科

環境　河川の中流～海

食性　動物食（ほかの魚の体液など）

大きさ　全長 60cm

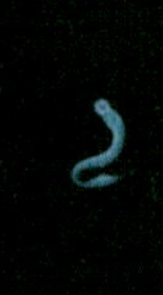

ボラのなかまに吸(す)いついているヤツメウナギのなかま。

レア度

ヘビのような頭をもつ

カムルチー

約100年前に朝鮮半島から日本へもちこまれた外来魚で、「ライギョ」ともよばれる。魚やカエルのほか、ネズミや鳥まで食べることもある。ドーナツ状の浮き巣に産卵し、夫婦で卵や稚魚を守る。

頭がヘビに似ていることから英語で「スネークヘッド」とよばれる。するどい歯がならぶあごは、かむ力も強い。

えらの中の迷宮器官という補助的な呼吸器官で空気呼吸もできる。

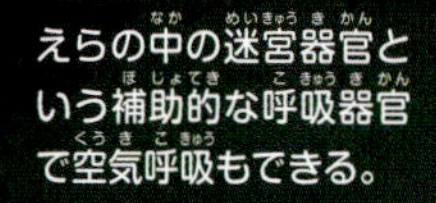

分類　スズキ目タイワンドジョウ科

環境　池や沼、流れのゆるやかな川

食性　動物食（小魚など）

大きさ　体長 80cm

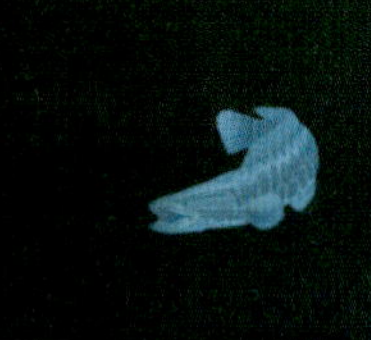

アメリカザリガニにおそいかかるカムルチー。
かたい殻(から)をもつザリガニも気(き)にせず食(た)べてしまう。

レア度

人の古い皮ふを食べる「ドクターフィッシュ」

ガラ・ルファ

ぬるま湯の中でも生きることができ、食べ物の少ない温泉にすむものは、人の古くなった皮ふを食べる。これが皮ふ病の治療に役立つとされることから、「ドクターフィッシュ」とよばれ、日本の温泉地などでも飼われている。

下向きの口で、ふつうはコケや岩場の小さな虫を食べる。あごには歯がない。

ガラ・ルファによる健康法（フィッシュセラピー）はさまざまな場所で体験できる。

分類	コイ目コイ科
環境	西アジアの温泉地や河川
食性	雑食（コケなど）
大きさ	全長 14cm

レア度

ナイフのような形で銀色にかがやく

スポッテッドナイフフィッシュ

背が盛り上がったすがたが刃物のように見えるので、英語で「ナイフフィッシュ」、日本語で「ナギナタナマズ」とよばれる。夜になると、長いしりびれを波打たせてすばやく泳ぎ、小魚などをおそって食べる。

背が高く盛り上がっているので、横から見ると体がナイフのように見える。

尾びれとくっついた長いしりびれを波打たせて前後に泳ぐ。

舌には牙がある。

分類 アロワナ目 ナギナタナマズ科

環境 河川のよどみや支流

食性 動物食（小魚など）

大きさ 体長 90cm

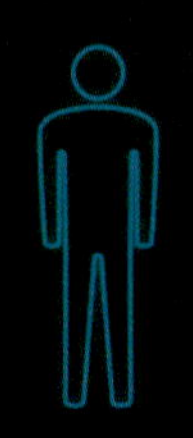

おす同士が激しく争う「闘魚」

ベタ

相手が死ぬまでおす同士が激しくかみついて争うので、「闘魚」ともよばれる。野生種のひれは短めで、色も地味だが、観賞魚として品種改良が重ねられ、長く美しいひれをもつさまざまな品種がうみ出されている。

ほかのおすが近づくと、ひれやえらを大きく広げておどす。

水上の空気を吸い、えらの上部にある迷宮器官で呼吸することができる。

スズキ目オスフロネムス科

ジャングルの湖沼や小川

動物食（小さな生き物）

体長 7cm

おすは、卵を守るために、浮き草などを利用して
泡でできた浮き巣をつくる。

日本にもいる怪魚

北海道のイトウや、琵琶湖のビワコオオナマズ・・・日本の川や湖に、“ヌシ”として君臨する怪魚たち。日本の淡水域には、他にもまだまだ怪魚・珍魚が生息する。沖縄の川底には1mをこえるオオウナギが息をひそめ、関東の川では、ソウギョやアオウオなど外国からやってきた巨大魚が泳ぎまわる。小さな珍魚に目を向ければ、淡水魚で日本最速といわれるハスや、クジャクのように美しいタメトモハゼなど多種多様である。南北に細長く、亜寒帯から亜熱帯までさまざまな気候帯をまたぐ日本は、実は怪魚・珍魚の宝庫なのだ。

アオウオ

ソウギョ

ハス

オオウナギ

タメトモハゼ

浅い海

地球表面の70%をしめる広大な海にも、さまざまな能力をもった怪魚・珍魚がいる。体長が10mにもなるウバザメは大きな口でプランクトンをとらえ、魚類最速といわれるバショウカジキは時速100km以上のスピードで小魚を追いかける。大きな魚から小さな魚まで、生きぬくためにそれぞれの能力を活用しているのだ。

レア度

世界最速の魚

バショウカジキ

魚のなかでいちばん速く泳ぐといわれ、瞬間最高時速は約110kmになるという。長くするどい吻でえものをたたき、弱らせてとらえる。

するどい吻は、船に突き刺さることもあるという。

速く泳ぐことができる三日月形の尾びれ。

船の帆のような大きな背びれ。速く泳ぐときは折りたたんで水の抵抗を減らす。

分類	スズキ目マカジキ科
環境	外洋の表層（太平洋、インド洋のあたたかい海域）
食性	動物食（小魚など）
大きさ	全長 3.3m

小魚を追いかけるバショウカジキ。
小魚の群れのなかで吻をふりまわす。

レア度

世界で2番目に大きな魚

ウバザメ

大きなえら穴

魚のなかでジンベエザメについで大きく、全長10mになる。性質はとてもおとなしく、大きく口を開けてゆっくり泳ぎ、海水ごとプランクトンを飲みこんで食べる。

分類 ネズミザメ目ウバザメ科

大きさ 全長 10m

環境 外洋の中・表層（世界中の海）

食性 動物食（プランクトン）

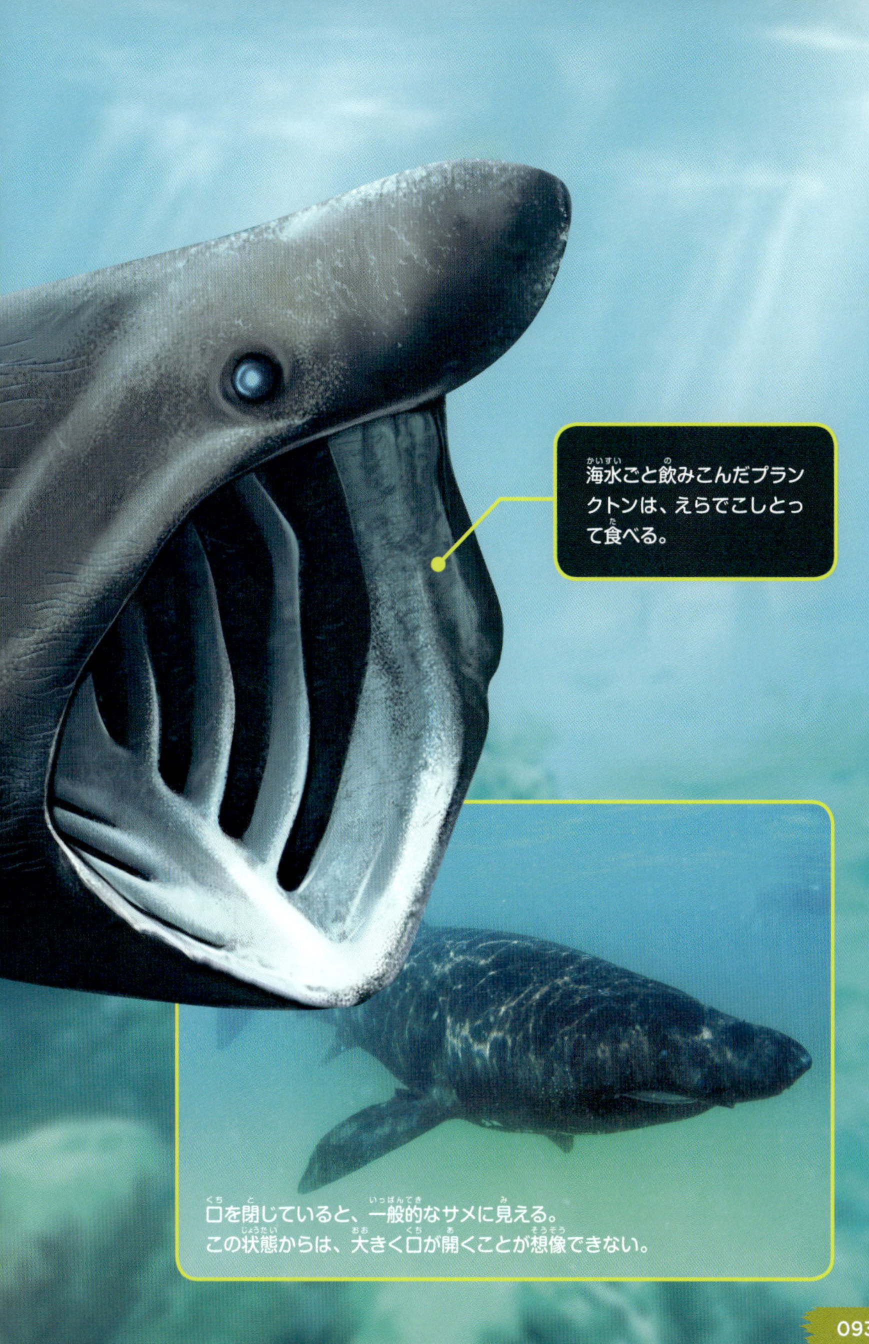

海水ごと飲みこんだプランクトンは、えらでこしとって食べる。

口を閉じていると、一般的なサメに見える。
この状態からは、大きく口が開くことが想像できない。

レア度
かなづち形の頭でえものを見つけ出す
シロシュモクザメ
左右の目や鼻が離れていて、えものの位置をくわしくつかむことができる。
するどくとがった歯でえものを切りさく。

かなづち形の頭をもつシュモクザメのなかまのなかで、最大級の大きさ。この頭で生き物の出す弱い電気を感じ、砂の中の魚などを見つけ出して食べる。群れをつくって回遊し人をおそうこともあるといわれるが、よくわかっていない。

分類 メジロザメ目シュモクザメ科

環境 沿岸～外洋の中・表層（世界中のあたたかい海）

食性 動物食（魚、無脊椎動物など）

大きさ 全長 4m

群れで泳ぐシュモクザメのなかま。海水浴場に群れで現れて、
海水浴客が泳げなくなることがある。

レア度

ほかの生物にくっついて移動する

コバンザメ

名前に「サメ」とつくがスズキのなかま。頭にある吸盤で、サメのような大きな魚などにくっつき、長距離を移動する。くっついた生物と別方向に行くときや、小魚などをとらえるときは、自分で泳ぐこともある。

くっついたサメなどについている寄生虫を上あごでかき落とし、下あごで受けて食べることもある。

背びれが変化した吸盤。大きな生物にくっつくことで、エネルギーを節約でき、敵におそわれにくくもなる。

分類	スズキ目コバンザメ科
環境	海洋の表層～中層（世界中のあたたかい海）
食性	動物食（大型魚の食べ残しなど）
大きさ	体長 1m

レモンザメの体にはりつくコバンザメ。
マンタ(大型のエイ) やウミガメなどにもはりつくことがある。

レア度

オオカミのような恐ろしい顔をもつ

オオカミウオ

北の海の底にすみ、するどい牙と強いあごでかたい貝やカニもかみくだいて食べる。顔つきは恐ろしいが性質はおとなしく、親が卵を抱くようにして敵から守る。

体の色は黄、黒、茶などだ。

大きな口にならんだするどい牙で貝やカニの殻もかみくだく。

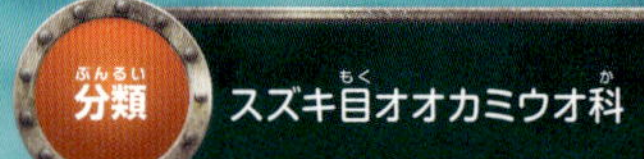

分類 スズキ目オオカミウオ科

大きさ 全長 1m

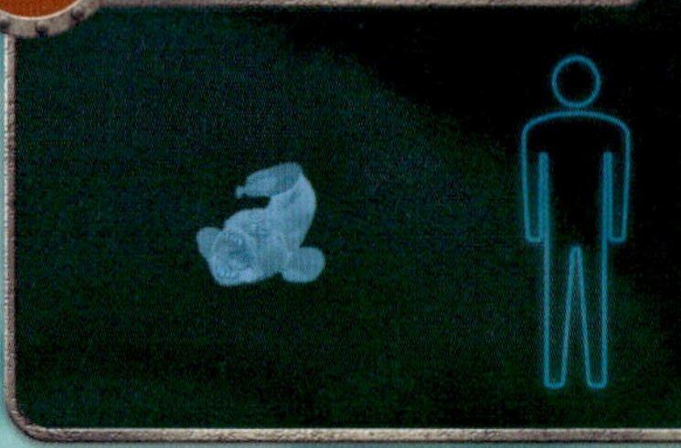

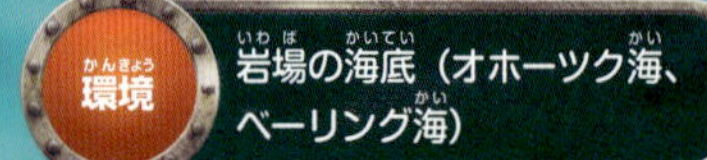

環境 岩場の海底（オホーツク海、ベーリング海）

食性 動物食（貝類、甲殻類など）

長いあごひげでえものをさがす

オジサン

人の「おじさん」のように、あごひげがのびたすがたからこの名がついた。2本の長いあごひげは、人の舌のように味を感じることができ、ひげを動かして砂の中のえものをさがす。

浅い海底の砂の中にあごひげをさしこみ、小エビやゴカイなどをさがして食べる。

分類 スズキ目ヒメジ科

環境 砂礫底やサンゴ礁域（太平洋、インド洋）

食性 動物食（小魚、甲殻類など）

大きさ 体長 20cm

レア度

目を赤く光らせる幻の巨大魚

アカメ

西日本の太平洋岸だけにすむ巨大魚で、イトウ、ビワコオオナマズとともに「日本三大怪魚」とよばれる。体長1m以上になり、泳ぐ力も強いので、釣り人に人気が高いが、近年個体数が激減しているため絶滅が心配されている。

背びれに長くするどいとげがある。

光が当たると目が赤く光る。

下あごが突き出た口で、おもに魚を食べる。

分類 スズキ目アカメ科

河川の下流域から内湾の浅海域（西日本の太平洋岸）

動物食（小魚など）

大きさ 体長 1.2m

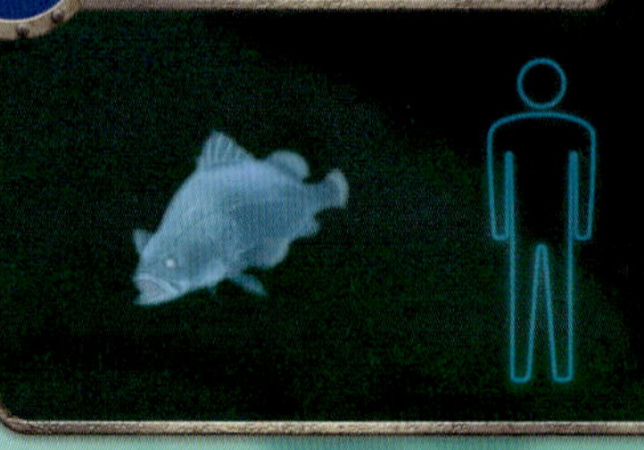

名前の由来となった赤い目。
暗やみで怪しくかがやいている。

世界最大のトビハゼ

ジャイアントマッドスキッパー

するどい歯がならぶ大きな口でえものをおそう。

胸びれを腕のように動かして地上をはいまわる。

えらぶたの中にたくさんの水をため、その水で地上でもえら呼吸ができる。

体長30cmになるという、世界一大きなトビハゼのなかま。干潟の泥の上をはいまわり、カニやほかのトビハゼまでおそって食べる。「スキッパー」の名の通り、尾を強くふって水面や泥の上をスキップするようにとびはねて移動することもできる。

分類 スズキ目ハゼ科

マングローブのある河口（東南アジア）

動物食（小魚、甲殻類など）

大きさ 体長 30cm

急斜面にはりつくミナミトビハゼ。
トビハゼのなかまは陸上を動きまわることができる。

レア度

泥にひそむ「エイリアン」

ワラスボ

大きな口から歯がむき出しになっているが、かむ力は弱い。

目は退化して皮ふの下にうもれている。

干潟の泥に穴をほってすみ、潮が満ちると泳ぎ出して小エビや小魚などをとらえて食べる。日本では九州の有明海だけにすみ、映画に出てくる怪物に顔やすがたが似ていることから、「有明のエイリアン」ともよばれる。

分類　スズキ目ハゼ科

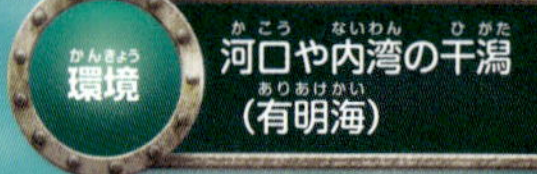

環境　河口や内湾の干潟（有明海）

食性　動物食（小魚、貝など）

大きさ　体長 30cm

見た目はかなり変わっているが、ハゼのなかまである。
有明海の名産品で、食材としての人気が高い。

レア度

するどい牙で人もおそう

バラクーダ（オニカマス）

細長く大きな体ですばやく泳ぎまわり、するどい牙でほかの魚に食らいつく。凶暴な性格で、人をおそうこともあり、地域によってはサメ以上におそれられているという。また、大型のものは身に毒をもつことがあり、食べるのも危険だ。

大型のものは、肉や内臓に猛毒をもつことがあり、食べると中毒をおこすことがある。

長く大きな口にするどい牙がならぶ。キラキラと光るものを追う習性があり、人をおそうこともあるという。

分類　スズキ目カマス科

環境　内湾やサンゴ礁域（世界中のあたたかい海）

食性　動物食（魚など）

大きさ　体長 1.7m

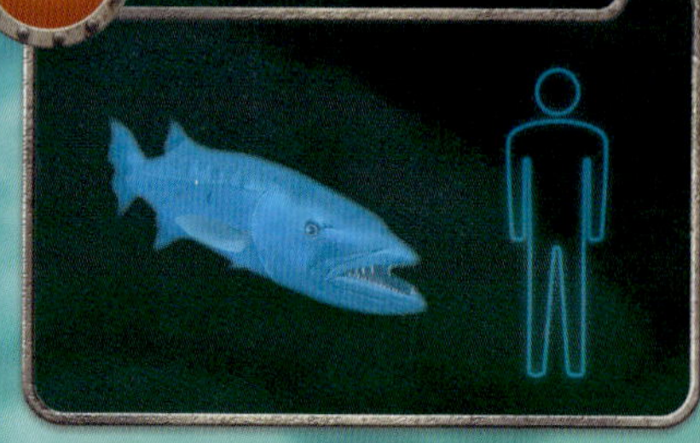

幼魚のときはマングローブや海藻に擬態している（写真中央）。
気づかずに近づいてきた小魚を捕食する。

レア度

ぬるぬるの毒で身を守る

ルリハタ

バケツなどに入れると、皮ふから出るぬるぬるの毒が石けんのように泡立つので、英語で「ソープフィッシュ（石けん魚）」とよばれる。

青と黄色の体色が美しいハタのなかま。危険を感じたり、弱ったりすると、皮ふからぬるぬるした液を出して身を守る。この液は人には無害だが、ほかの魚には毒になり、小さな水そうで一緒に飼うと、ほかの魚が死ぬこともある。

分類　スズキ目ハタ科

環境　沿岸の岩礁域（南日本、インド、西太平洋）

食性　動物食（小魚、甲殻類など）

大きさ　体長 25cm

レア度

フグより強い毒をもつ

ソウシハギ

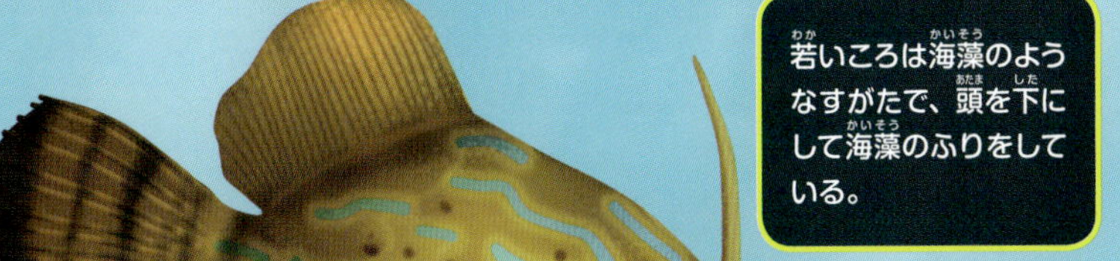

若いころは海藻のようなすがたで、頭を下にして海藻のふりをしている。

内臓に猛毒をためこむ。

左右からつぶしたような平たい体。

サンゴ礁などにすみ、突き出た小さな口でイソギンチャクや海藻などを食べ、食べたものの毒を内臓にためこむ。その毒はフグ毒の何倍も強く、人が食べると死ぬこともある。

分類　フグ目カワハギ科

環境　沿岸域（世界中のあたたかい海）

食性　動物食（刺胞動物、ホヤなど）

大きさ　体長 75cm

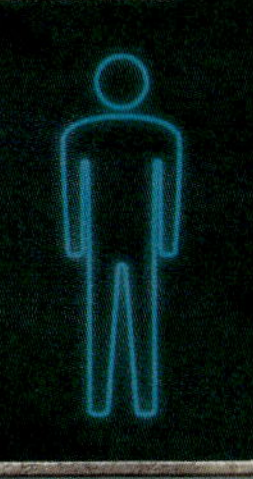

怪魚・珍魚 メモ ②

毒をもつ魚

毒をもつ魚はたくさんいる。なかには人が死ぬほどの強い毒をもつものもいる。ヘビやサソリなどはえものを狩るために毒を使うが、魚の毒のほとんどは、敵から身を守るためのものだ。

体やとげから毒を出す

カサゴのなかまはひれや頭に、エイのなかまは尾に毒のとげをもっている。それらのするどいとげが相手にささると、毒が流しこまれる。毒の強さは魚によってまちまちだが、2010年には、沖縄の男性がオニダルマオコゼと思われる魚にさされて亡くなっている。

また、ルリハタなどのハタのなかまや、ハコフグのなかまには、皮ふからぬるぬるした毒液を出すものがいる。毒液で体をおおって、敵から身を守るのだ。この毒は人がさわるだけならほぼ無害だが、食べると食中毒をおこすことがある。

▲オニダルマオコゼ。魚類最強の毒のとげをもつ。1匹の毒で1万匹以上のマウスを殺せるという。

▲ヌノサラシ。皮ふから毒をふくむ粘液を出す。この魚を人が食べると死ぬこともある。

▲ハコフグ。皮ふから毒液を出す。まれに内臓に毒をもつことがある。

食べるな危険!!

体の中に毒をもち、食べると危険な魚はとても多く、フグを食べて死ぬ人が毎年のように出ている。しかし、ブダイや大型のアジなどのなかまには、フグよりはるかに強い毒をもつことがあるものがいる。実はこれらの毒は、もともとは細菌などがつくったものだ。毒をつくる細菌を小魚や貝などが食べ、その小魚などを大きな魚が食べることで、体に毒がたまって濃くなっていくのだ。このような毒の強さは、食べてきたものによって変わり、加熱しても毒は消えない。

《毒がたまるしくみ》

細菌のつくった毒が、それを食べた生き物の体にたまり、濃く強くなっていく。

濃い

毒をもつ生物

▲

細菌を食べる生物

▲

毒をつくる細菌

薄い

（毒の濃さ）

▲内臓に毒があるトラフグ。毒をふくまないエサで育つ養殖のものには毒はない。免許のない人は調理してはいけない。

▲内臓や肉にフグより強い毒をもつことがあるアオブダイ。死者も出ている。

▲カンパチのなかまは、刺身でよく食べられるが、アオブダイより強い毒をもつことがある。

レア度

海で生まれて川で大きく育つ

ニホンウナギ

日本から南へ約2500km離れたマリアナ諸島沖で生まれ、成長しながら日本付近へやってくる。日本沿岸でシラスウナギとなって川を上り、川や沼などで魚やエビなどを食べて育つ。5〜10年たつと、産卵するために海へ降りる。

かぐ力が強い管状の鼻は、ごみなどが入りにくいと考えられている。

毒のあるぬるぬるした液で体がおおわれている。皮ふ呼吸もできるため、地上でも長時間生きられる。

分類 ウナギ目ウナギ科

環境 海で生まれ、河川で成長（東アジアの海）

食性 動物食（小魚、甲殻類など）

大きさ 全長 60cm

ニホンウナギのレプトケファルス幼生。木の葉のようなすがたで、太平洋を2000km以上旅して日本にやってくる。

5

浅い海

海底洞くつにすむ原始的なウナギ

ムカシウナギ

約2億年前にほかのウナギと分かれた原始的なウナギのなかま。背骨の数など、ほかのウナギとのちがいが多く、ウナギのなかまの祖先に近いすがたを残しているという。敵の少ない海底洞くつにすむため、ゆっくり泳ぐと考えられている。

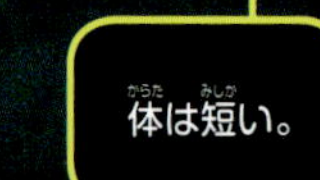

体は短い。

分類　ウナギ目ムカシウナギ科

環境　海底洞くつ（パラオ）

食性　動物食（くわしくは不明）

大きさ　体長 20cm

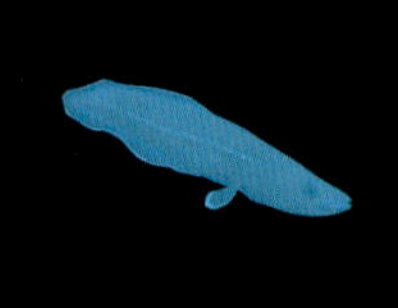

レア度

毒のあるヒラムシに化けて身を守る

アカククリ

幼魚のころは、黒い体に赤っぽい縁どりがあり、長い背びれとしりびれをひらひらと動かして泳ぐ。そのすがたが、毒のあるヒラムシそっくりに見えるので、敵におそわれにくい。

体が赤っぽく縁どられているので「アカククリ」の名がついた。

幼魚

成長すると体の色や模様が変わり、ひれは短くなる。

分類　スズキ目マンジュウダイ科

環境　水深10〜30mのサンゴ礁域（奄美大島以南〜西太平洋）

食性　雑食

大きさ　体長 10cm（幼魚）

魚界のスナイパー

テッポウウオ（アーチャーフィッシュ）

水上のえものの位置を正確にとらえる優れた目。人の顔を見分けることもできるという。

上あごの内側の溝に舌をおしあて、水滴を飛ばす。

沿岸や河口などにすむ。水鉄砲のように口から水滴を飛ばし、水上の虫をうち落として食べる。ジャンプ力も強く、水上に飛びあがってえものに直接食らいつくこともある。

分類 スズキ目テッポウウオ科

環境 汽水域やマングローブのある水域（東南アジア周辺）

食性 動物食（昆虫など）

大きさ 体長 16cm

水鉄砲で水上の昆虫などをうち落として捕食する。成長とともに水鉄砲の飛距離ものび、コントロールも良くなっていく。

グライダーのように海上を飛ぶ

トビウオ

大きな胸びれは、飛行機の主翼と同様に風をとらえ、長距離を飛ぶことができる。

尾びれは下側が長くなっているため、海面をたたきやすい。

広げた腹びれは、空中で姿勢を安定させる。

敵におそわれると海上に飛び出し、胸びれと腹びれを翼のように広げてグライダーのように飛んで逃げる。100m以上飛ぶことができ、空中で方向を変えたり、水面に降りた後、連続して飛んだりすることもできる。

分類 ダツ目トビウオ科

環境 沿岸の表層（世界中のあたたかい海）

食性 動物食（プランクトンなど）

大きさ 体長 30cm

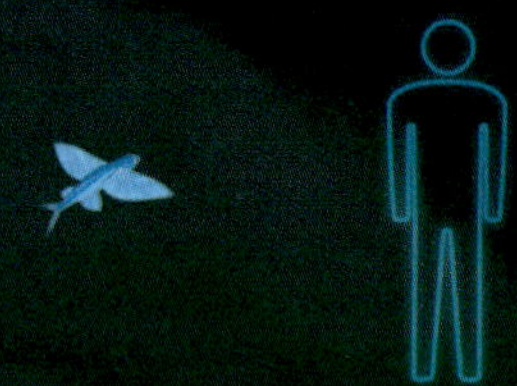

連続で水面をたたいて加速し、滑空する。
尾びれの下半分が長いからこそできる技だ。

レア度

逆立ちして泳ぐ

ヘコアユ

頭を下にして、透明な小さいひれを動かしてゆっくり泳ぐ。細長い体で逆立ちしていると、危険がせまったとき、ウニの長いとげやサンゴのすき間にすばやくかくれることができるのだ。

背びれ

尾びれ

ふだんは頭を下にしてゆっくり泳ぐ。敵から逃げるときは体を起こして速く泳ぐ。

スポイト状の口でプランクトンを食べる。

分類　トゲウオ目ヘコアユ科

環境　サンゴ礁域の砂泥底（西太平洋～インド洋）

食性　動物食（プランクトン）

大きさ　体長 15cm

レア度

不思議な形をした馬面の魚

タツノオトシゴ

腹びれと尾びれがなく、かたい皮ふととげにおおわれた不思議な体つきをしている。流されないように尾を海藻などに巻きつけていることが多いが、体を立てたまま胸びれで泳ぐこともある。顔が馬に似ているので、英語で「シーホース（海の馬）」とよばれる。

細長く突き出た口で、近づいたえものを吸いこんで食べる。

背びれ

子どもはおすの腹にある袋の中で卵からかえる。

尾を海底の海藻などに巻きつける。

分類 トゲウオ目ヨウジウオ科

沿岸の藻場（日本各地、朝鮮半島南部沿岸）

動物食（プランクトン）

大きさ 全長 10cm

レア度

大きな体でのんびり泳ぐ

マンボウ

円ばんのような巨大な体で、深海から海面までのんびり泳ぐ。3億個も卵を産むといわれてきたが、現在は疑われている。マンボウのなかまのうちのウシマンボウは、世界一重い硬骨魚としてギネスブックに登録されている。

背びれとしりびれを左右に動かして泳ぐ。えものをとらえるときなどは、すばやく泳ぐ。

尾びれはなく、背びれとしりびれの一部が変化した「かじびれ」がある。方向転換に使うと考えられている。

クラゲやイカなどを食べる。

分類 フグ目マンボウ科

環境 沖合の表層（世界中のあたたかい海）

食性 動物食（クラゲなど）

大きさ 体長 4m

海面で横になっているところを目撃されることも多い。
なぜこのような行動をするのか、はっきりとはわかっていない。

レア度

だんごのような体の人気者

ダンゴウオ

小さくてまるっこいすがたが人気の魚。泳ぐのは得意ではなく、腹の吸盤で海底の岩や海藻などにくっつき、小さなカニなどを食べる。冬から春にかけて産卵し、おすが卵を守る。ふ化した子は1年で成魚になって卵を産む。

体の色は、くっつく岩や海藻の色にあわせて赤や黄、緑などさまざまだ。

腹びれが変化した吸盤で、岩などにしっかりくっつく。

分類　カサゴ目ダンゴウオ科

環境　水深約20mまでの岩礁域（北海道と琉球列島をのぞく日本各地）

食性　動物食（甲殻類など）

大きさ　体長 2cm

レア度

毛むくじゃらのアンコウ

ミノアンコウ

幼魚のころは、たくさんの長い毛のような皮弁（皮ふが変化した突起）で全身がおおわれ、雨具の「みの」をかぶっているように見える。ごくわずかしか見つかっていないので、くわしくはわかっていないが、このすがたは、毒のあるクラゲに似せて敵から身を守っていると考えられている。

糸のような皮弁は成長するにつれて少なくなる。

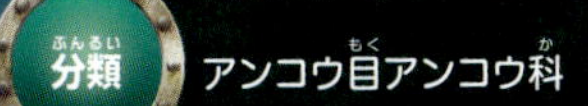

分類　アンコウ目アンコウ科

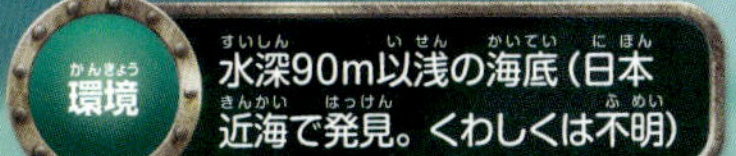

環境　水深90m以浅の海底（日本近海で発見。くわしくは不明）

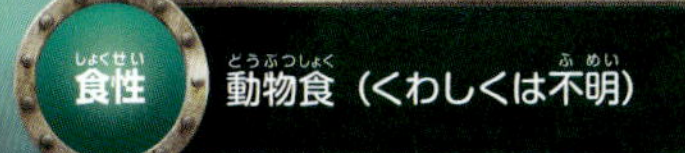

食性　動物食（くわしくは不明）

大きさ　体長 15cm

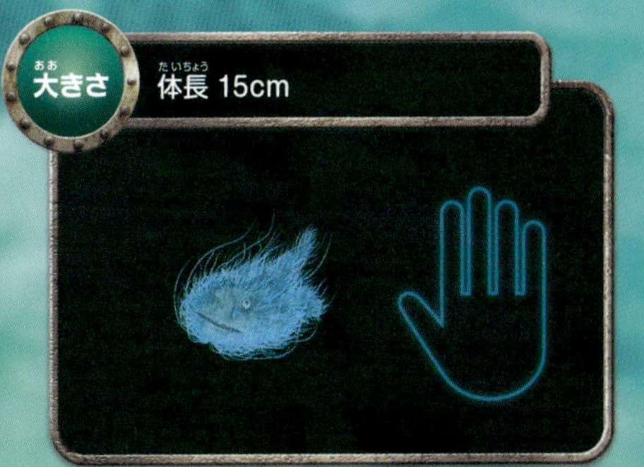

レア度

海底をはい、ルアーでえものを釣る

カエルアンコウ

海底で鼻先のルアーをふって魚などをおびきよせ、大きな口であっという間に食らいつく。胸びれと腹びれを使って、海底をはい歩くこともできる。

鼻先のルアーをゴカイなどと見まちがえて近づいたえものをとらえる。

黄や茶色の体は、海底の岩にまぎれて見つかりにくい。

胃が大きくふくらみ、自分より大きなえものも飲みこめる。

胸びれを足のように動かし、海底をゆっくりはい歩く。

分類 アンコウ目
カエルアンコウ科

環境 沿岸の砂泥底
（世界中のあたたかい海）

食性 動物食
（小魚、甲殻類など）

大きさ 体長 16cm

魚をとらえたカエルアンコウのなかま。えものが近づいてくると、見た目からは想像もつかないすばやさでおそいかかる。

魚の進化となかま分け

約5億年前にあらわれた最初の魚は、あごのない魚（無顎類）だった。やがて、あごのある魚（顎口類）があらわれ、よろいのような骨をもつ板皮類や、ひれに大きなとげのある棘魚類が栄えたが、それらは約3億年前に絶滅した。今では、無顎類、軟骨魚類、肉鰭類と、いちばん栄えている硬骨魚類が残っている。

無顎類 あごのない魚		ヌタウナギのなかま
		ヤツメウナギのなかま
顎口類 あごのある魚	**軟骨魚類** 骨格がやわらかい骨（軟骨）でできている	ギンザメのなかま
		サメ・エイのなかま
	硬骨魚類 骨格がかたい骨（硬骨）でできている	チョウザメのなかま
		ウナギやスズキなどほとんどの魚
	肉鰭類 ひれのつけ根の筋肉が発達している	シーラカンスのなかま
		ハイギョのなかま

カワヤツメ
アズマギンザメ
アカメ
シーラカンス

魚の時代

約4億2千万～3億6千万年前、さまざまな顎口類があらわれ、魚が水中の世界を支配した。なかでも板皮類は海にも川にも進出し、ダンクルオステウスのように巨大なものもいた。その一方で、肉鰭類のなかから、上陸して両生類に進化するものもあらわれたと考えられている。

▲全長6ｍの巨体でえものをおそったダンクルオステウス（板皮類）の想像図

6

深い海

水深200mをこえる深海では、ほかの水域とは全く異なるすがたや能力をもつ怪魚・珍魚がくらしている。発光器を光らせてえものをおびきよせるものがいれば、わずかな光も逃がさない進化した目をもつものもいる。過酷な深海にすむ深海魚は、すべての種類が怪魚・珍魚だといえるだろう。

レア度

剣のような鼻先でえものをさがす

アズマギンザメ

海底にすみ、胸びれを上下に動かして羽ばたくように泳ぐ。剣のような長い鼻先で泥の中の貝やカニなどをさがして食べる。ギンザメのなかまは、約4億年前にサメのなかまと分かれた原始的な魚だ。

長くやわらかい鼻先で電気や化学物質を感じてえものやなかまをさがす。

交尾のときに、おすは頭の上の突起でめすをおさえる。

鳥のくちばしのようなかたい歯で、貝やカニの殻をかみくだく。

分類 ギンザメ目 テングギンザメ科

環境 水深600m（太平洋、大西洋）

食性 動物食（貝、甲殻類など）

大きさ 体長 80cm

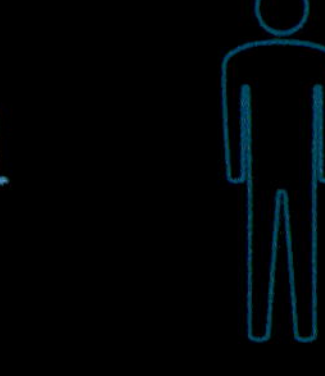

レア度

腐った肉を食べる海底のそうじ屋

コンゴウアナゴ

海底にすみ、クジラや魚などの死体に集まって、小さな口で肉を食べつくす。細長い体で、弱った魚の肛門などから腹の中にもぐりこみ、肉を食べることもある。そのため、ほかの魚に寄生してくらすと考えられてきた。

鼻先が短くて丸いので、英語で「スナブノーズイール（団子鼻のウナギ）」とよばれる。

皮ふの下に細長いうろこがうもれている。

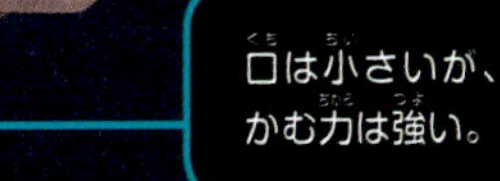

口は小さいが、かむ力は強い。

分類　ウナギ目ホラアナゴ科

環境　水深365～2620m（西太平洋、南アフリカ沖、大西洋）

食性　動物食（腐肉、魚など）

大きさ　全長 60cm

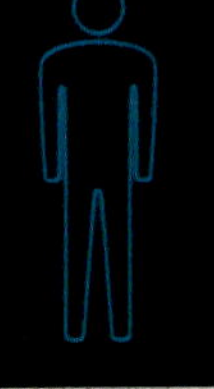

レア度

深海をゆっくり泳ぐ巨大ザメ

オンデンザメ

全長8mにもなる巨大なサメ。ふだんはとてもゆっくり泳ぐ。その速さは赤ちゃんのはいはいくらいともいわれる。魚やイカ、カニなどなんでも食べる。とても寿命が長いといわれている。

口に入ったものはなんでも食べる。胃にアザラシが入っていたこともある。

分類　ツノザメ目オンデンザメ科

大きさ　全長 8m

環境　水深10～2000m（北太平洋、北極海）

食性　動物食（魚、甲殻類など）

動きはとても遅いが、巨大な体と口でおそいかかられると
大きなほ乳類でもひとたまりもないだろう。

レア度

大きな目が金色にかがやく

キンメダイ

深海の岩場にすみ、夜になると浅いところまで上がってくる。大きな目を金色にかがやかせ、暗い深海でえものをさがす。とてもおいしいので漁や釣りの対象として人気が高く、市場での値段も高い。

まっ赤な体の色は、赤い光のとどかない深海では目立ちにくい。

目の奥で光を反射させることで、暗い深海でもまわりを見ることができる。

胸びれを上下に動かし、はばたくように泳ぐ。

分類　キンメダイ目キンメダイ科

大きさ　体長 50cm

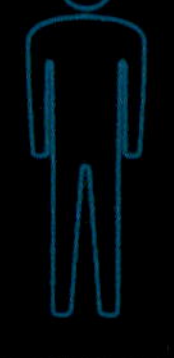

環境　水深150〜600m（世界中の海）

食性　動物食（小魚、甲殻類、イカ類など）

レア度

高感度の板のような目をもつ

チョウチンハダカ

小さいときは海面近くにいて、ふつうの魚と同じ目をもっているが、大きくなると深海底にすみ、目は大きな板のように変わる。板のような目は、ものを見ることはできないが、ごくわずかな光でも感じることができる。

えものを振動で感じ、大きな口で小エビやゴカイなどを食べる。

レンズがなくなり、黄色い板のようになった目。

分類

ヒメ目
チョウチンハダカ科

大きさ

体長 13cm

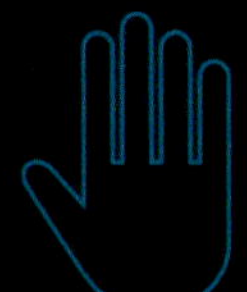

環境

水深1392m～4163m（太平洋、大西洋、インド洋）

食性

動物食（甲殻類など）

手足のようなひれをもつ「生きた化石」

シーラカンス

3億5千万年前からほとんどすがたを変えていない生きた化石。骨や筋肉のある手足のようなひれをもつので、魚から陸上動物へ進化するとちゅうのすがたといわれる。

背骨のかわりに「せき柱」というホースのような管がある。シーラカンスとは、ギリシャ語で「中空のせき柱」という意味だ。

逆立ちして泳ぎ、海底の魚などをとらえることもあると考えられている。

胸びれと腹びれを動かして歩くように泳ぐ。

分類 シーラカンス目 シーラカンス科

大きさ 体長 1.8m

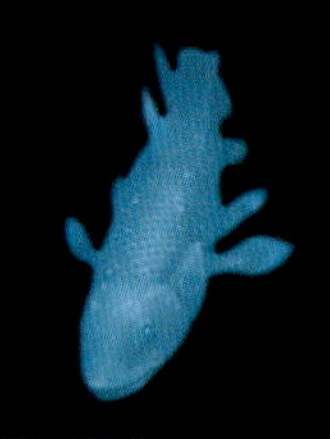
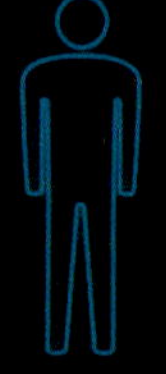

環境 水深200〜500m（南アフリカ沖コモロ諸島周辺など）

食性 動物食（魚、イカ類など）

シーラカンスのなかまの化石。
ひれの形など、現在のシーラカンスにそっくりだ。

怪魚・珍魚 メモ ③

深海魚の世界

海の200mより深いところを深海という。そこは、太陽の光がほとんどとどかないので暗く、冷たい。また、食べ物が少なく、いつも強い力（水圧）で体をおされるきびしい世界だ。深海魚たちは、そんな環境でも生きていける体のつくりをしている。

暗やみで生きる

水深が深くなるほど太陽の光はうすれ、深さ1000mをこえるとまっ暗になる。大きな目でかすかな光をとらえるもの、目のかわりにほかの感覚が発達したもの、えものをさがしたり、反対に敵からかくれたりするために光を出すものなど、深海魚はそれぞれ暗やみで生きる能力を身につけている。

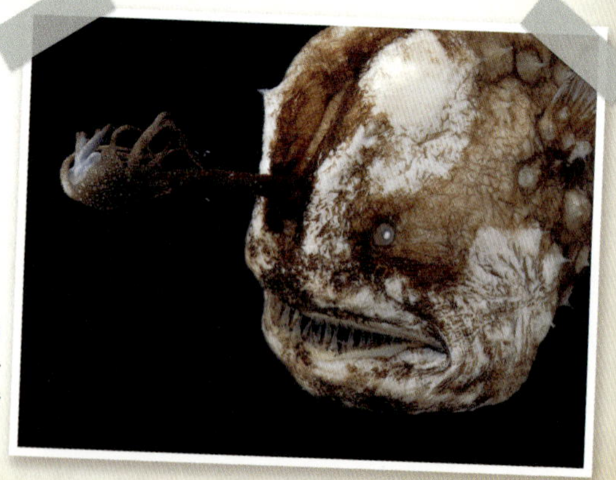

▶チョウチンアンコウ。頭の上のルアーを光らせてえものをおびきよせる。

えものは逃がさない

食べ物の少ない深海では、えものを逃がしたら、次にいつ出会えるかわからない。そのため、深海魚には、えものをしっかりつかまえられる大きな口や、するどい牙などをもっているものも多い。

▶オオイトヒキイワシ。長い胸びれ、腹びれと尾びれを広げて海底にじっと立って、流れてくるプランクトンをつかまえる。

水圧にたえる

水圧は深くもぐるほど高くなり、水深1000mでは、指の爪ほどの広さ（$1cm^2$）あたり100kgの力で全方向からおされることになる。深海魚は、そんな高い水圧の中でも体がつぶれない。これは、体が水やあぶらで満たされているためだ。

◀ミズウオ。水をたっぷりふくんでいるので、その名がある。

レア度

海底を歩くエビのような魚

キホウボウ

長い角とよろいのようなかたい体をもつ、エビと魚が合体したようなすがたの魚。胸びれの長い2本のすじを動かして、海底を歩くように移動する。このすじやあごひげを使って海底のえものをさがす。

とげの生えたかたい体で敵から身を守る。

口の先が2本の角のようにのびている。

下あごのひげや、胸びれの2本のすじは、人の舌のように味を感じることができる。

分類	カサゴ目キホウボウ科
環境	水深100～500m（世界中のあたたかい海）
食性	動物食（甲殻類など）
大きさ	体長 18cm

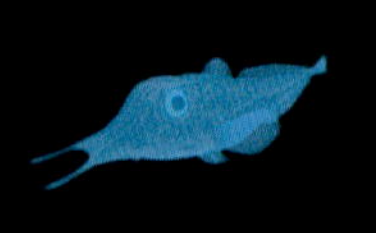

レア度

大きな口で小さなえものを飲みこむ

フクロウナギ

頭の大きさのわりに長すぎるあごをもち、口をふくろのように大きく開いてえものをまちぶせる。小エビなどが近づくと海水ごと飲みこみ、口を閉じて水だけをえらから出す。

目はとても小さい。

頭がい骨の10倍も長いあごに小さな歯がならぶ。あごがじょうぶではないので、大きなえものは食べない。

尾の先を光らせてえものをおびきよせるとも考えられている。

分類 フウセンウナギ目 フクロウナギ科

環境 水深1500～3000m（世界中のあたたかい海）

食性 動物食（魚、甲殻類など）

大きさ 全長 75cm

レア度

光でえものをさそう黒い竜

ミツマタヤリウオ

めすはあごひげの先を光らせてえものをおびきよせ、するどい牙のならぶ大きな口で食らいつく。体長50cmのめすに対して、おすは8cmと小さく、あごひげや歯もない。黒く細長い体や牙などから英語で「パシフィックブラックドラゴン（太平洋の黒い竜）」とよばれる。

体にならぶ発光器でおすと交信すると考えられている。

めすはあごひげの先を光らせて小魚などをおびきよせる。

めす

胸びれはない。

分類：ワニトカゲギス目 ミツマタヤリウオ科

大きさ：体長 50cm（めす）

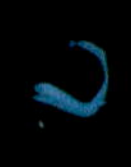

環境：水深400〜800m（太平洋）

食性：動物食（魚）

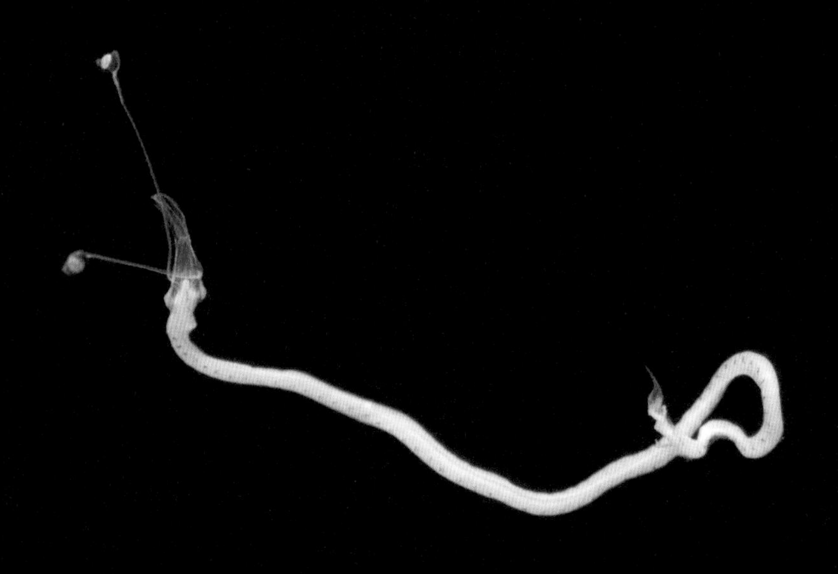

稚魚のころは目が左右に長く突き出し、名前の通り、
三つまたのやりのようなすがたをしている。

レア度

腹を光らせて身をかくす

ハダカイワシ

夜は浅い海まできて小エビなどを食べ、昼は深くもぐってひそむ。

発光器の位置や光り方でなかまを見分けるともいわれる。

うろこがはがれやすいことから、ハダカイワシの名がついた。

腹にならんだたくさんの発光器を光らせて、敵から身をかくす。上から日光がさす深海では、下から見ると、日光にまぎれてどこにいるかわからなくなるのだ。ハダカイワシのなかまはよく見られる深海魚で、250種類以上が知られている。

分類 ハダカイワシ目 ハダカイワシ科

大きさ 体長 17cm

環境 水深100～2000m（世界中の海）

食性 動物食（プランクトンなど）

腹側に発光器がならんでいる。これを使ってすがたをかくす技を
カウンターイルミネーションとよぶ。

レア度

なんでも食べる恐るべき大食い魚

ミズウオ

広げると体高より大きくなる背びれ。

胃は大きくふくらむが、大きすぎるえものを飲みこむと死ぬこともある。

1体でおすとめす両方の役割をする。

するどい牙のならぶ大きな口を開け、近づくものはなんでもたくさん食べる。駿河湾の海岸に毎年のように打ち上げられ、胃の中からさまざまな魚やイカなどはもちろん、すてられたプラスチックも見つかっている。

分類　ヒメ目ミズウオ科

環境　水深900～1400m（北太平洋、インド洋、大西洋、地中海）

食性　動物食（魚など）

大きさ　体長 1.3m

目にタペータムという光を増幅させる構造があり、緑色にかがやく。
深海のわずかな光でも、まわりを見ることができるようにするしくみだ。

レア度

口を突き出してえものを吸いこむ

スタイルフォルス・コルダタス

目を上や前に向けて、遠くのえものも見つけ出す。

口を長く突き出すことができる。

背びれの先が2本の糸のようになり、体長よりも長くのびる。

近いなかまのリュウグウノツカイのように、立ち泳ぎすると考えられている。

細長い体に、望遠鏡のような大きな目をもつ。えものを見つけると小さな口を長く突き出し、すばやくスポイトのように水ごと吸いこむ。

アカマンボウ目
スタイルフォルス科

大きさ

体長 28cm

水深300〜800m
（世界中の海）

動物食（プランクトン、甲殻類など）

レア度

赤い光でえものをさがす

オオクチホシエソ

目の下を赤く光らせてえものをさがし、するどい牙のならんだ口を大きく開けてとらえる。深海生物の多くは、赤い光を感じることができないので、相手に気づかれずに見つけ出すことができるのだ。

白っぽい光を出す小さな発光器もある。

目の下から赤い光を出して、暗い海中でえものをさがす。

まくのない下あご。口を開けたまますばやく泳げる。

分類

ワニトカゲギス目
ホウキボシエソ科

大きさ

体長 20cm

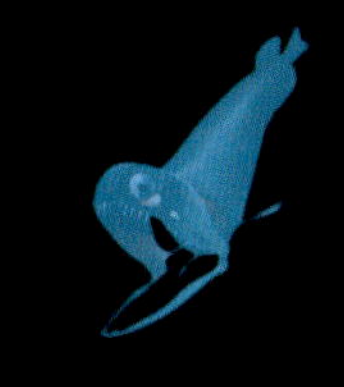

環境

水深500～3900m
（世界中の海）

食性

動物食（魚など）

あごのない口で死肉をけずる

ムラサキヌタウナギ

ヌタを出す穴がならぶ。ヌタをかけられた敵は、身動きや呼吸ができなくなる。

大きな鼻の穴が1つだけある。

退化した目のかわりに3対のひげでえものをさがす。

腹側にある口で海底のクジラなどの死体を食べ、骨だけにしてしまう。

あごのない原始的な魚の生き残りで、骨もほとんどない。するどい歯のならんだ舌で動物の死体から肉をけずるようにして食べる。危険を感じるとねばねばの液（ヌタ）をたくさん出して身を守る。

ヌタウナギ目ヌタウナギ科

全長 80cm

環境

水深200～700m
（日本近海）

動物食
（腐肉、甲殻類など）

分泌(ぶんぴつ)されたヌタ。とてもねばねばしているので、
魚(さかな)のエラにはりつくと窒息死(ちっそくし)してしまうこともあるという。

口の中までえものをさそいこむ

ビックリアンコウ

頭の上でルアーを光らせてえものをおびきよせ、えものが近づくと、ルアーを下に曲げて口の中までさそいこむ。えものが口にふれると、自動的に口がすばやく閉じる。

曲がった長い牙は、おりのようにえものを口の中に閉じこめる。

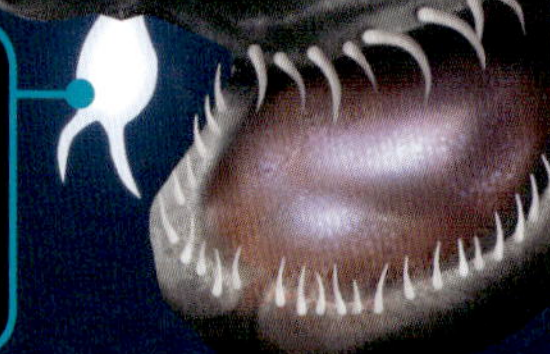

頭のルアーを上あごのすき間から口の中にぶら下げて、えものをさそう。

分類 アンコウ目 サウマティクチス科

大きさ 体長 36.5cm

環境 水深3500m（大西洋）

食性 動物食（小魚など）

小さなおすがめすに寄生する

ミツクリエナガチョウチンアンコウ

3つのいぼから光る液を出して敵をおどろかせ、そのすきに逃げる。

めす

寄生したおすは、ひれなどが退化したこぶのようなすがたで、めすにくっついたまま一生を終える。

めすは長いさおの先のルアーを光らせてえものをおびきよせる。おすはめすの20分の1の大きさしかなく、めすの腹にくっついて生きる。くっついたおすは、こぶのようになり、めすの血液から栄養をとる。

アンコウ目ミツクリエナガチョウチンアンコウ科

水深450〜710m（世界中の海）

動物食（小魚など）

体長 30cm（めす）

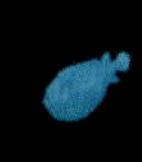

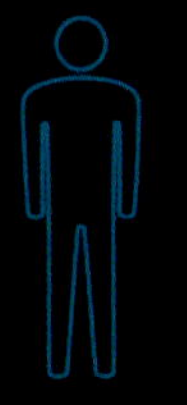

透明な頭に望遠鏡のような目

デメニギス

透明なドームのような頭と、大きな望遠鏡のような目をもつ。この目は立てたり倒したりして、上と前に向けることができ、暗い深海で真上を通るえもののかげを見つけることができる。

大きな目は、かくれている発光生物のすがたも見ることができる。

透明なドームは敵から目や鼻を守る働きもある。中は液体で満たされている。

ニギス目デメニギス科

体長 15cm

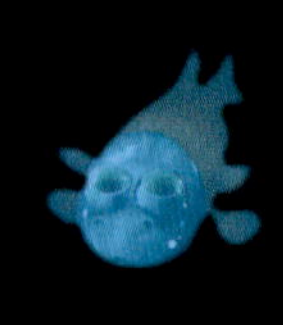

水深400～800m
（北太平洋）

動物食
（クラゲ、甲殻類など）

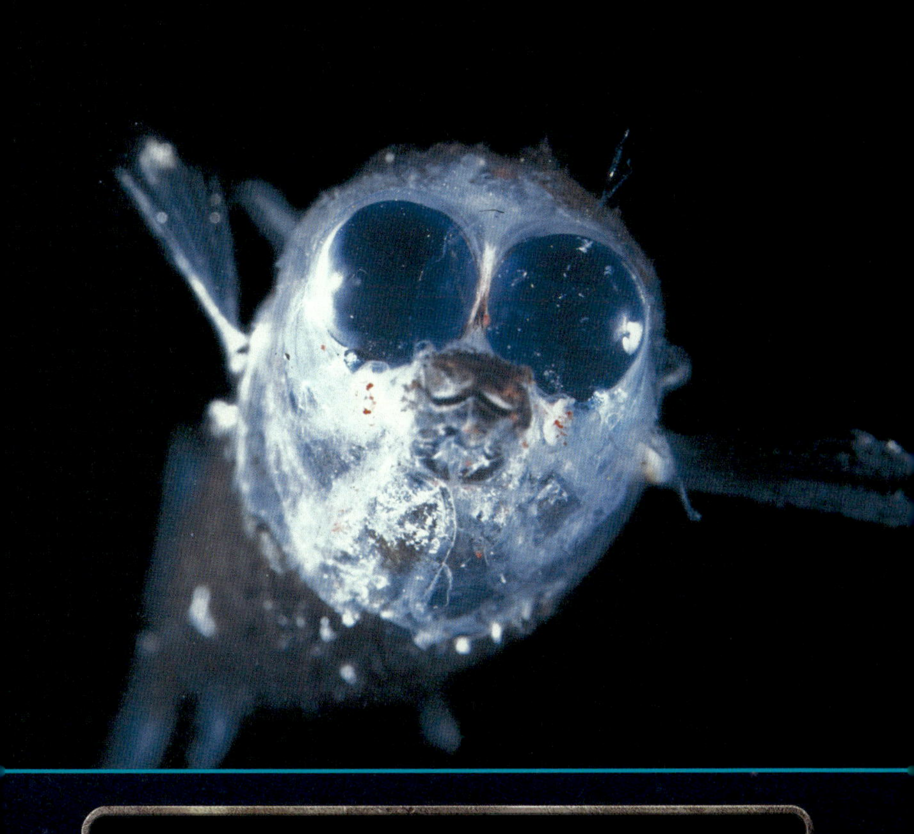

近(ちか)いなかまのクロデメニギス。
この写真(しゃしん)は目(め)を前(まえ)に向(む)けているところだ。

レア度

ゼリーのようにやわらかい

ノロゲンゲ

ぶよぶよでぬるぬるの細長い体の魚。幼いころのすがたを残したまま成魚になる。こうした体のつくりは、栄養の少ない深海でエネルギーを節約してくらす役に立っている。日本海でよくとれ、北陸地方では郷土料理に利用されている。

腹びれはなく、つながった尾びれとしりびれ、背びれで体をくねらせて泳ぐ。

ゼリーのようなやわらかい体は、9割が水分なので、水圧の高い深海でもつぶれない。

分類 スズキ目ゲンゲ科

環境 水深200～1800m（日本海、オホーツク海）

食性 動物食（甲殻類など）

大きさ 全長 30cm

レア度

さかさまになって泳ぐアンコウ

シダアンコウ

下あごは左右べつべつに動き、くわえたえものを口の奥へおしこむ。

アンコウのなかまにしては体が細長く、速く泳ぐことができるという。

光るルアーのついた長いさおは、背びれが変化したもの。

腹を上に向けて泳ぎ、頭からのびた長いさおの先を光らせて、海底にすむえものをおびきよせる。口には内向きのするどい歯がびっしり生えていて、食いつかれたら最後、えものは逃げることができないだろう。

分類 アンコウ目シダアンコウ科

環境 水深300～5300m（世界中の海）

食性 動物食（くわしくは不明）

大きさ 体長 35cm

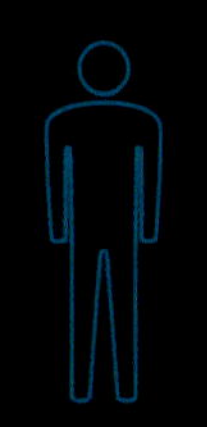

レア度

あごが長く突き出る「小鬼のサメ」

ミツクリザメ

えものをとらえるときは、長い鼻先の下におさめたあごを、にゅっと長く突き出す。その恐ろしい顔つきから、英語で「ゴブリンシャーク（小鬼のサメ）」とよばれる。1億5千万年前のサメに似ているので「生きた化石」といわれる。

長い鼻先で生物の出す弱い電気を感じてえものをさがす。

あごをすばやく突き出し、釣りバリのような細長い歯でえものをとらえる。

分類：ネズミザメ目 ミツクリザメ科

大きさ：全長 5m

環境：水深600m以浅の海底（太平洋、インド洋など）

食性：動物食（魚、甲殻類など）

日本近海の底曳網漁などで捕獲されたものが水族館で展示されることがある。しかし、すぐに死んでしまうことが多い。

レア度 ★★★

世界一深い海にすむ「深海の妖精」

シンカイクサウオ

2017年に、近いなかまがマリアナ海溝の水深8178mの海底で撮影された。魚が生きられるのは水深8200mまでと考えられ、生きているようすが観察された魚としては、世界一深い海にすむ。おたまじゃくしのようなかわいらしいすがたから、「深海の妖精」とよばれる。

尾をくねらせてゆっくり泳ぐ。

うろこのない体は、ゼリーのような粘液でおおわれている。

目があまり見えないかわりに、口のまわりに多くの感覚器がある。

ヨコエビなどを丸飲みして口の中のもうひとつのあごでかみくだく。

分類　カサゴ目クサウオ科

環境　水深6000m以上（太平洋北西部）

食性　動物食（甲殻類など）

大きさ　体長 20cm

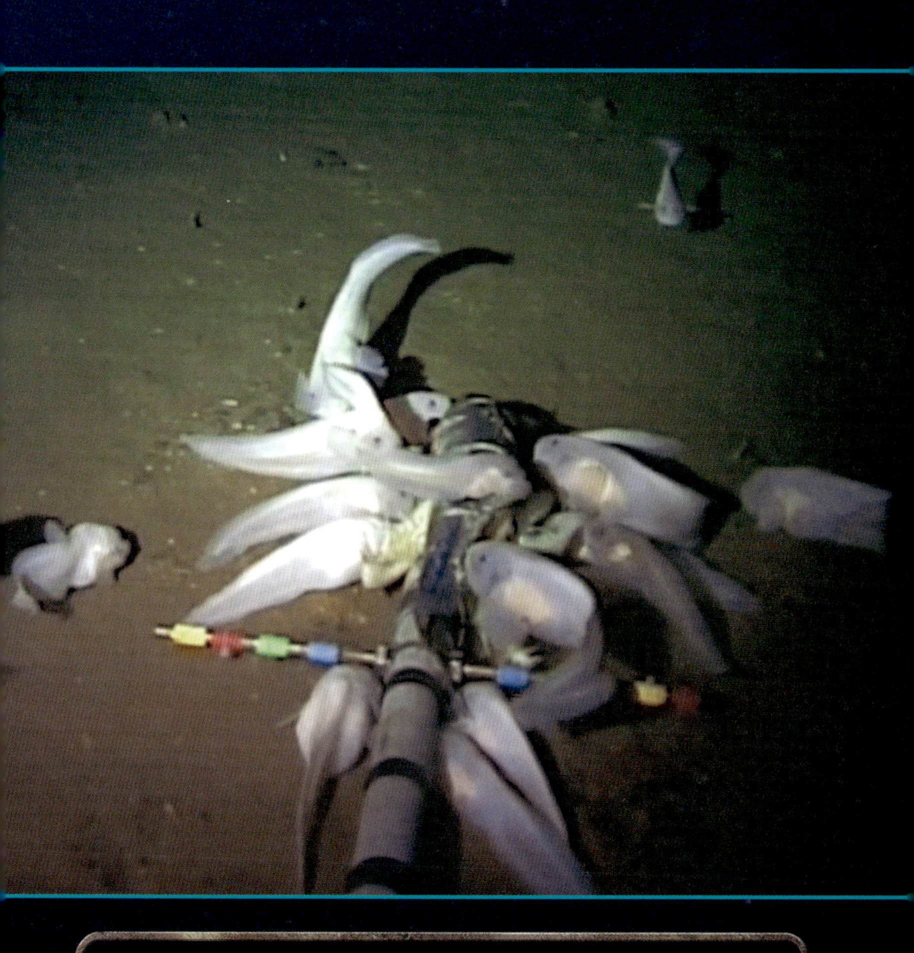

調査船のエサにやってきたヨコエビを食べようとむらがっている、シンカイクサウオのなかま。

怪魚・珍魚データ集

この本に登場した怪魚・珍魚を淡水魚・海水魚に分けて五十音順で紹介している。気になった怪魚・珍魚のページを見てみよう。

生息環境に関する用語

外洋 … 陸から離れた水深200mより深い海で人間の活動の影響を受けにくいところ。
河口 … 川と海がつながる場所。汽水域になっている。
汽水域 … 川の水（淡水）と海の水（海水）が混ざるところ。
砂泥底、砂礫底 … 海底で砂と泥のところを砂泥底、砂と小石のところを砂礫底とよぶ。
タイドプール … 干潮の時に岩や砂のへこんだところに海の水が残った水たまりのこと。
内湾 … 多くを陸にかこまれた海のこと。
干潟 … 満潮の時には海にしずみ、干潮になると陸地になる砂地。
マングローブ … 満潮時に海水や汽水が満ちる場所に生えている植物のこと。

淡水魚

アジアアロワナ

▶P.078

分類：アロワナ目アロワナ科　**大きさ**：全長70cm
生息環境：ジャングルの湖沼・河川　**食性**：動物食（おもに昆虫）

アミア・カルバ

▶P.043

分類：アミア目アミア科　**大きさ**：体長50cm　**生息環境**：河川の流れのゆるやかなところ、湖沼の植物が多いところ　**食性**：動物食（小魚など）

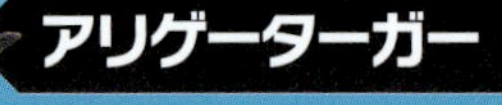

アリゲーターガー

▶P.018

分類：ガー目ガー科　**大きさ**：体長3m
生息環境：大河川の下流域　**食性**：動物食（小魚、水鳥など）

イトウ

▶ P.072

分類：サケ目サケ科　大きさ：体長2m
生息環境：北海道の河川、湖、湿原　食性：動物食（小魚など）

カショーロ

▶ P.021

分類：カラシン目キノドン科　大きさ：体長1m
生息環境：河川の流れの強いところ　食性：動物食（小魚など）

カムルチー

▶ P.082

分類：スズキ目タイワンドジョウ科　大きさ：体長80cm
生息環境：池や沼、流れのゆるやかな川　食性：動物食（小魚など）

ガラ・ルファ

▶ P.084

分類：コイ目コイ科　大きさ：全長14cm
生息環境：西アジアの温泉地や河川　食性：雑食（コケなど）

カワヤツメ

▶ P.080

分類：ヤツメウナギ目ヤツメウナギ科　大きさ：全長60cm
生息環境：河川の中流～海　食性：動物食（ほかの魚の体液など）

ギムナルクス

▶ P.057

分類：アロワナ目ギムナルクス科　大きさ：体長1.3m
生息環境：湖沼　食性：動物食（小魚など）

キングサーモン（マスノスケ）

▶ P.042

分類：サケ目サケ科　大きさ：体長1.5m　生息環境：海、河川の上流域（産卵期）　食性：動物食（小魚、エビなど）

コペラ・アーノルディ

▶ P.031

分類：カラシン目レビアシナ科　大きさ：体長8cm
生息環境：アマゾン川の中流～下流　食性：雑食性

サカサナマズ

▶ P.054

分類：ナマズ目サカサナマズ科　大きさ：体長8cm
生息環境：コンゴ川　食性：動物食（小さな生き物）

シロチョウザメ

▶ P.041

分類：チョウザメ目チョウザメ科　大きさ：体長6m
生息環境：河川の下流～河口　食性：動物食（泥の中の生物など）

スポッテッドナイフフィッシュ

▶ P.085

分類：アロワナ目ナギナタナマズ科　大きさ：体長90cm
生息環境：河川のよどみや支流　食性：動物食（小魚など）

セルフィンプレコ（マダラロリカリア）

▶ P.040

分類：ナマズ目ロリカリア科　大きさ：体長50cm
生息環境：河川の上流域　食性：雑食（おもに植物）

タライロン

▶ P.022

分類：カラシン目エリュトリヌス科　**大きさ**：体長1m
生息環境：水位によって、急流から止水まで　**食性**：動物食（小魚など）

デンキナマズ

▶ P.056

分類：ナマズ目デンキナマズ科　**大きさ**：体長60cm
生息環境：河川や湖　**食性**：動物食（小魚など）

ドラド

▶ P.024

分類：カラシン目カラシン科　**大きさ**：体長1m　**生息環境**：ラプラタ川水系の流れのあるところ　**食性**：動物食（小魚など）

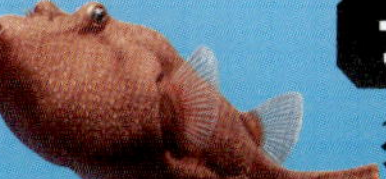

ナイルフグ

▶ P.053

分類：フグ目フグ科　**大きさ**：体長15cm
生息環境：コンゴ川　**食性**：動物食（小魚、貝など）

ネオケラトドゥス

▶ P.068

分類：オーストラリアハイギョ目オーストラリアハイギョ科　**大きさ**：体長1.5m
生息環境：流れのゆるやかな川のよどみ　**食性**：動物食（小魚など）

ノコギリエイ

▶ P.062

分類：エイ目ノコギリエイ科　**大きさ**：全長6.5m
生息環境：河口など　**食性**：動物食（小魚など）

ノソブランキウス・ラコビー

▶P.052

分類：カダヤシ目アプロケイルス科　**大きさ**：全長5cm
生息環境：干上がる池　**食性**：雑食（プランクトンなど）

パプアンバス（ウラウチフエダイ）

▶P.064

分類：スズキ目フエダイ科　**大きさ**：全長1m
生息環境：川や湿原　**食性**：動物食（小魚など）

ピーコックバス

▶P.037

分類：スズキ目シクリッド科　**大きさ**：体長1m
生息環境：アマゾン水系の川や湖沼　**食性**：動物食（小魚など）

ヒマンチュラ

▶P.076

分類：トビエイ目アカエイ科　**大きさ**：全長4m
生息環境：大河川　**食性**：動物食（小魚など）

ピライーバ

▶P.038

分類：ナマズ目ピメロドゥス科　**大きさ**：体長3.6m
生息環境：河川の中流～河口　**食性**：動物食（小魚など）

ピラニア・ナッテリー

▶P.020

分類：カラシン目カラシン科　**大きさ**：体長25cm
生息環境：河川の本流～支流　**食性**：動物食（小魚、弱った動物など）

ピラルクー

▶ P.016

分類：アロワナ目アロワナ科　大きさ：体長4m
生息環境：アマゾン川などで流れのゆるやかなところ　食性：動物食（小魚など）

ビワコオオナマズ

▶ P.074

分類：ナマズ目ナマズ科　大きさ：体長1.2m
生息環境：琵琶湖水系　食性：動物食（小魚など）

ブラインドケーブカラシン

▶ P.030

分類：カラシン目カラシン科　大きさ：体長8cm
生息環境：メキシコの洞くつ　食性：雑食性

プロトプテルス・エチオピクス

▶ P.048

分類：ミナミアメリカハイギョ目アフリカハイギョ科　大きさ：全長2m
生息環境：湖の浅瀬　食性：動物食（小魚、貝など）

ベタ

▶ P.086

分類：スズキ目オスフロネムス科　大きさ：体長7cm
生息環境：ジャングルの湖沼や小川　食性：動物食（小さな生き物）

ポリプテルス・ビキール・ビキール

▶ P.058

分類：ポリプテルス目ポリプテルス科　大きさ：全長70cm
生息環境：川や湖　食性：動物食（小魚など）

淡水魚

ポルカドットスティングレイ

▶P.036

分類：エイ目アマゾンタンスイエイ科　**大きさ**：体長60cm
生息環境：アマゾン川全域　**食性**：動物食（小魚など）

ムベンガ

▶P.046

分類：カラシン目アレステス科　**大きさ**：体長1.5m
生息環境：コンゴ川本流　**食性**：動物食（小魚など）

ヨツメウオ

▶P.028

分類：カダヤシ目ヨツメウオ科　**大きさ**：体長20cm
生息環境：汽水域　**食性**：動物食（水面に落ちた虫など）

リーフフィッシュ

▶P.034

分類：スズキ目ポリケントルス科　**大きさ**：体長10cm
生息環境：アマゾン川の流れのゆるやかなところ　**食性**：動物食（小魚など）

海水魚（浅い海）

アカククリ

▶P.115

分類：スズキ目マンジュウダイ科　**大きさ**：体長10cm（幼魚）　**生息環境**：水深10～30mのサンゴ礁域（奄美大島以南～西太平洋）　**食性**：雑食

アカメ

▶P.100

分類：スズキ目アカメ科　**大きさ**：体長1.2m　**生息環境**：河川の下流域から内湾の浅海域（西日本の太平洋岸）　**食性**：動物食（小魚など）

ウバザメ

▶ P.092

分類：ネズミザメ目ウバザメ科　**大きさ**：全長10m
生息環境：外洋の中・表層（世界中の海）　**食性**：動物食（プランクトン）

オオカミウオ

▶ P.098

分類：スズキ目オオカミウオ科　**大きさ**：全長1m　**生息環境**：岩場の海底（オホーツク海、ベーリング海）　**食性**：動物食（貝類、甲殻類など）

オジサン

▶ P.099

分類：スズキ目ヒメジ科　**大きさ**：体長20cm　**生息環境**：砂礫底やサンゴ礁域（太平洋、インド洋）　**食性**：動物食（小魚、甲殻類など）

カエルアンコウ

▶ P.126

分類：アンコウ目カエルアンコウ科　**大きさ**：体長16cm　**生息環境**：沿岸の砂泥底（世界中のあたたかい海）　**食性**：動物食（小魚、甲殻類など）

コバンザメ

▶ P.096

分類：スズキ目コバンザメ科　**大きさ**：体長1m　**生息環境**：海洋の表層～中層（世界中のあたたかい海）　**食性**：動物食（大型魚の食べ残しなど）

ジャイアントマッドスキッパー

▶ P.102

分類：スズキ目ハゼ科　**大きさ**：体長30cm　**生息環境**：マングローブのある河口（東南アジア）　**食性**：動物食（小魚、甲殻類など）

シロシュモクザメ

▶ P.094

分類：メジロザメ目シュモクザメ科　**大きさ**：全長4m　**生息環境**：沿岸～外洋の中・表層（世界中のあたたかい海）　**食性**：動物食（魚、無脊椎動物など）

ソウシハギ

▶ P.109

分類：フグ目カワハギ科　**大きさ**：体長75cm　**生息環境**：沿岸域（世界中のあたたかい海）　**食性**：動物食（刺胞動物、ホヤなど）

タツノオトシゴ

▶ P.121

分類：トゲウオ目ヨウジウオ科　**大きさ**：全長10cm　**生息環境**：沿岸の藻場（日本各地、朝鮮半島南部沿岸）　**食性**：動物食（プランクトン）

ダンゴウオ

▶ P.124

分類：カサゴ目ダンゴウオ科　**大きさ**：体長2cm　**生息環境**：水深約20mまでの岩礁域（北海道と琉球列島をのぞく日本各地）　**食性**：動物食（甲殻類など）

テッポウウオ（アーチャーフィッシュ）

▶ P.116

分類：スズキ目テッポウウオ科　**大きさ**：体長16cm　**生息環境**：汽水域やマングローブのある水域（東南アジア周辺）　**食性**：動物食（昆虫など）

トビウオ

▶ P.118

分類：ダツ目トビウオ科　**大きさ**：体長30cm　**生息環境**：沿岸の表層（世界中のあたたかい海）　**食性**：動物食（プランクトンなど）

ニホンウナギ

▶P.112

分類：ウナギ目ウナギ科　**大きさ**：全長60cm　**生息環境**：海で生まれ、河川で成長（東アジアの海）　**食性**：動物食（小魚、甲殻類など）

バショウカジキ

▶P.090

分類：スズキ目マカジキ科　**大きさ**：全長3.3m　**生息環境**：外洋の表層（太平洋、インド洋のあたたかい海域）　**食性**：動物食（小魚など）

バラクーダ（オニカマス）

▶P.106

分類：スズキ目カマス科　**大きさ**：体長1.7m　**生息環境**：内湾やサンゴ礁域（世界中のあたたかい海）　**食性**：動物食（魚など）

ヘコアユ

▶P.120

分類：トゲウオ目ヘコアユ科　**大きさ**：体長15cm　**生息環境**：サンゴ礁域の砂泥底（西太平洋～インド洋）　**食性**：動物食（プランクトン）

マンボウ

▶P.122

分類：フグ目マンボウ科　**大きさ**：体長4m　**生息環境**：沖合の表層（世界中のあたたかい海）　**食性**：動物食（クラゲなど）

ミノアンコウ

▶P.125

分類：アンコウ目アンコウ科　**大きさ**：体長15cm　**生息環境**：水深90m以浅の海底（日本近海で発見。くわしくは不明）　**食性**：動物食（くわしくは不明）

海水魚（浅い海）

ムカシウナギ

▶P.114

分類：ウナギ目ムカシウナギ科　大きさ：体長20cm
生息環境：海底洞くつ（パラオ）　食性：動物食（くわしくは不明）

ルリハタ

▶P.108

分類：スズキ目ハタ科　大きさ：体長25cm　生息環境：沿岸の岩礁域（南日本、インド、西太平洋）　食性：動物食（小魚、甲殻類など）

ワラスボ

▶P.104

分類：スズキ目ハゼ科　大きさ：体長30cm　生息環境：河口や内湾の干潟（有明海）　食性：動物食（小魚、貝など）

海水魚（深い海）

アズマギンザメ

▶P.130

分類：ギンザメ目テングギンザメ科　大きさ：体長80cm　生息環境：水深600m（太平洋、大西洋）　食性：動物食（貝、甲殻類など）

オオクチホシエソ

▶P.149

分類：ワニトカゲギス目ホウキボシエソ科　大きさ：体長20cm　生息環境：水深500～3900m（世界中の海）　食性：動物食（魚など）

オンデンザメ

▶P.132

分類：ツノザメ目オンデンザメ科　大きさ：全長8m　生息環境：水深10～2000m（北太平洋、北極海）　食性：動物食（魚、甲殻類など）

キホウボウ

▶ P.140

分類：カサゴ目キホウボウ科　大きさ：体長18cm　生息環境：水深100～500m（世界中のあたたかい海）　食性：動物食（甲殻類など）

キンメダイ

▶ P.134

分類：キンメダイ目キンメダイ科　大きさ：体長50cm　生息環境：水深150～600m（世界中の海）　食性：動物食（小魚、甲殻類、イカ類など）

コンゴウアナゴ

▶ P.131

分類：ウナギ目ホラアナゴ科　大きさ：全長60cm　生息環境：水深365～2620m（西太平洋、南アフリカ沖、大西洋）　食性：動物食（腐肉、魚など）

シーラカンス

▶ P.136

分類：シーラカンス目シーラカンス科　大きさ：体長1.8m　生息環境：水深200～500m（南アフリカ沖コモロ諸島周辺など）　食性：動物食（魚、イカ類など）

シダアンコウ

▶ P.157

分類：アンコウ目シダアンコウ科　大きさ：体長35cm　生息環境：水深300～5300m（世界中の海）　食性：動物食（くわしくは不明）

シンカイクサウオ

▶ P.160

分類：カサゴ目クサウオ科　大きさ：体長20cm　生息環境：水深6000m以上（太平洋北西部）　食性：動物食（甲殻類など）

スタイルフォルス・コルダタス

▶P.148

分類：アカマンボウ目スタイルフォルス科　大きさ：体長28cm　生息環境：水深300～800m（世界中の海）　食性：動物食（プランクトン、甲殻類など）

チョウチンハダカ

▶P.135

分類：ヒメ目チョウチンハダカ科　大きさ：体長13cm　生息環境：水深1392m～4163m（太平洋、大西洋、インド洋）　食性：動物食（甲殻類など）

デメニギス

▶P.154

分類：ニギス目デメニギス科　大きさ：体長15cm　生息環境：水深400～800m（北太平洋）　食性：動物食（クラゲ、甲殻類など）

ノロゲンゲ

▶P.156

分類：スズキ目ゲンゲ科　大きさ：全長30cm　生息環境：水深200～1800m（日本海、オホーツク海）　食性：動物食（甲殻類など）

ハダカイワシ

▶P.144

分類：ハダカイワシ目ハダカイワシ科　大きさ：体長17cm　生息環境：水深100～2000m（世界中の海）　食性：動物食（プランクトンなど）

ビックリアンコウ

▶P.152

分類：アンコウ目サウマティクチス科　大きさ：体長36.5cm　生息環境：水深3500m（大西洋）　食性：動物食（小魚など）

フクロウナギ

▶P.141

分類：フウセンウナギ目フクロウナギ科　大きさ：全長75cm　生息環境：水深1500～3000m（世界中のあたたかい海）　食性：動物食（魚、甲殻類など）

ミズウオ

▶P.146

分類：ヒメ目ミズウオ科　大きさ：体長1.3m　生息環境：水深900～1400m（北太平洋、インド洋、大西洋、地中海）　食性：動物食（魚など）

ミツクリエナガチョウチンアンコウ

▶P.153

分類：アンコウ目ミツクリエナガチョウチンアンコウ科　大きさ：体長30cm（めす）
生息環境：水深450～710m（世界中の海）　食性：動物食（小魚など）

ミツクリザメ

▶P.158

分類：ネズミザメ目ミツクリザメ科　大きさ：全長5m　生息環境：水深600m以浅の海底（太平洋、インド洋など）　食性：動物食（魚、甲殻類など）

ミツマタヤリウオ

▶P.142

分類：ワニトカゲギス目ミツマタヤリウオ科　大きさ：体長50cm（めす）
生息環境：水深400～800m（太平洋）　食性：動物食（魚など）

ムラサキヌタウナギ

▶P.150

分類：ヌタウナギ目ヌタウナギ科　大きさ：全長80cm　生息環境：水深200～700m（日本近海）　食性：動物食（腐肉、甲殻類など）

監修　本村浩之（鹿児島大学総合研究博物館教授）

生物イラスト　西村 光太／橋爪 義弘
背景イラスト　松永 拓馬／松永 樹里
写真　アマナ／PPS通信社／PIXTA／小塚 拓矢／本村 浩之／高田 竜
編集協力　ハユマ
コラム執筆　小塚 拓矢（怪魚ハンター）

装丁・デザイン　菅 渉宇（スガデザイン）
DTP　株式会社ジーディーシー
校正　タクトシステム株式会社

怪魚・珍魚大百科

2018年7月31日　初版第1刷発行

発行人　黒田 隆暁
編集人　芳賀 靖彦
企画編集　高田 竜／杉田 祐樹
発行所　株式会社 学研プラス
〒141-8415 東京都品川区西五反田 2-11-8
印刷所　図書印刷株式会社

NDC480　176P　182㎜×131㎜

○この本に関する各種お問い合わせ先
・本の内容については　Tel 03-6431-1282（編集部直通）
・在庫については　Tel 03-6431-1197（販売部直通）
・不良品（乱丁、落丁）については　Tel 0570-000577
学研業務センター　〒354-0045　埼玉県入間郡三芳町上富279-1
・上記以外のお問い合わせは　Tel 03-6431-1002（学研お客様センター）
・学研の書籍・雑誌についての新刊情報・詳細情報は、下記をご覧ください。
学研出版サイト　http://hon.gakken.jp/